中国生态补偿政策发展报告 2019

China's Report on Policy Progress of Ecological Compensation 2019

刘桂环　王夏晖　文一惠　等 / 编著

中国环境出版集团 · 北京

图书在版编目（CIP）数据

中国生态补偿政策发展报告. 2019/刘桂环等编著. —北京：中国环境出版集团，2020.12
（中国环境规划政策绿皮书）
ISBN 978-7-5111-4431-7

Ⅰ. ①中… Ⅱ. ①刘… Ⅲ. ①生态环境—补偿性财政政策—研究报告—中国—2019 Ⅳ. ①X-012

中国版本图书馆 CIP 数据核字（2020）第 168886 号

出 版 人 武德凯
责任编辑 葛 莉
责任校对 任 丽
封面设计 彭 杉

出版发行 中国环境出版集团
（100062 北京市东城区广渠门内大街 16 号）
网 址：http://www.cesp.com.cn
电子邮箱：bjgl@cesp.com.cn
联系电话：010-67112765（编辑管理部）
发行热线：010-67125803，010-67113405（传真）
印 刷 北京中科印刷有限公司
经 销 各地新华书店
版 次 2020 年 12 月第 1 版
印 次 2020 年 12 月第 1 次印刷
开 本 787×1092 1/16
印 张 9.25
字 数 120 千字
定 价 65.00 元

《中国环境规划政策绿皮书》
编 委 会

《中国生态补偿政策发展报告 2019》

编 委 会

主　编　刘桂环　王夏晖　文一惠

执行摘要

生态文明建设是关系人民福祉、关乎民族未来的大计，是实现中华民族伟大复兴中国梦的重要内容，而生态文明建设的关键在于如何实现“绿水青山”向“金山银山”的转化，让良好的生态环境成为社会经济发展的内生动力。生态补偿作为生态文明建设的具体抓手，长期以来发挥着重要作用。党的十九届四中全会提出要健全生态环境监测和评价制度，完善生态环境公益诉讼制度，落实生态补偿和生态环境损害赔偿制度，实行生态环境损害责任终身追究制度。当前，我国不少有绿水青山的地方仍然存在经济发展动力不足、环境面临破坏风险的问题。如何从根本上突破经济发展与环境保护之间的对立、怎样使优美生态环境成为经济发展新的“增长极”，是目前亟须解决的关键问题。建立健全生态补偿机制是践行“绿水青山就是金山银山”理论的重要举措，也是实现“绿水青山”向“金山银山”转化、促进生态优势向发展优势转变的有效途径。近年来，随着政策的密集落地，我国生态补偿制度框架日渐清晰和明朗，生态补偿开始由单个领域的“单一式”转向多个领域的“综合式”。生态产品价值实现机制越来越受到国家和有关部门的重视，各地也积极探索开展有关工作，我们认为生态产品价值实现的过程就是将被保护的、潜在的生态产品以政府购买、地区间生态价值交换、生态产品的溢价等形式转化成现实的经济价值的过程，生态补偿机制是其中一种重要途径，未来生态产品价值实现机制将成为打通“绿水青山”和“金山银山”的转化通道、协同推进经济高质量发展和生态环境高水平保护的重要方式。2019 年，我们从政策进展、案例总结、问题分析以及政策建议等方面开展生态补偿研究，形成我国生态补偿领域 2019 年政策发展报告。

本报告的出版得到“十三五”国家水体污染控制与治理科技重大专项“流域水环境管理经济政策创新与系统集成”课题（2018ZX07301007-5）和“京津冀地区水环境保护战略及其管理政策研究”（2018ZX07111001-5）课题资助。

Executive Summary

The ecological civilization is related to the well-being of the people and the future of the nation. It is also an essential component of the Chinese Dream of the rejuvenation of the Chinese nation. The key to construct the ecological civilization lies in how to realize the transformation from "the lucid waters and lush mountains" to "the invaluable assets", so that a good ecological environment can become the endogenous power of social and economic development. The eco-compensation is a specific step to improve ecological civilization construction, has played an important role for a long term. It is proposed in the Fourth Plenary Session of the 19th Central Committee of the Communist Party of China that "We shall improve the monitoring and evaluation system of ecological environment, improve the litigation system for public interest of ecological environment, implement the eco-compensation system and compensation system for the damage to the ecosystem, and implement the lifelong accountability system for ecological damages".At present, some issues still existed in some regions with good ecological environment in China, such as the insufficient driving force of economic development and the potential risk of environmental damage. Therefore, it is a key issue to be solved urgently how to fundamentally break through the opposition between economic development and environmental protection and make the beautiful ecological environment a new "growth pole" of economic development. To establish and improve eco-compensation mechanism is an important instrument to practice the theory of "the lucid waters and lush mountains are the invaluable assets", and also an effective way to transform from ecological advantage to development advantage. In recent years，with the policies intensively implemented in place，the eco-compensation system framework has been formed gradually in China with the eco-compensation shifting from “single mode” in a single field to “comprehensive mode” covering multiple fields. In recent years，the value realization mechanism of ecological products is valued by the state and relevant departments，localities are actively engaged in their work. We believe that the process of realizing the value of ecological products is to transform the potential ecological products protected into real economic value in the form of premium of ecological products exchanged by the government for ecological value between regions，and eco-compensation mechanism is one of the important ways. In the future，the value realization mechanism of ecological products will become an important way to break the transformation channels of “the lucid waters and lush mountains are the invaluable assets” and promote the high-quality economic development and the high-level protection of ecological environment. In 2019，we carried out research on eco-compensation in the aspects of policy progress，case study，problem analysis and policy recommendations，and formed the 2019 Report on Eco-Compensation Development in China.

The publication of this report has been supported by the national water pollution control and treatment science and technology major project “innovation and system integration of economic policy for river basin water environment management” (2018ZX07301007-5) and “Research on water environment protection strategy and management policy in Beijing-Tianjin-Hebei region (2018ZX07111001-5)”.

目录

目录

1

生态补偿制度被提到前所未有的高度

党中央历来高度重视生态补偿机制建设。1990 年国务院发布的《国务院关于进一步加强环境保护工作的决定》（国发〔1990〕65 号）提出“谁开发谁保护，谁破坏谁恢复，谁利用谁补偿”和“开发利用与保护增殖并重”的生态环境保护方针，首次确立了生态补偿政策之后，我国生态补偿机制在实践和政策层面陆续发展起来。2005 年，党的十六届五中全会首次提出要按照“谁开发谁保护、谁受益谁补偿”的原则，加快建立生态补偿机制。党的十七大将生态补偿机制上升为制度要求，强调建立健全资源有偿使用制度和生态环境补偿机制。党的十八大将生态补偿制度作为建设生态文明的重要保障，之后对生态补偿机制建设提出了一系列决策部署。2015 年 4 月，中共中央、国务院发布的《关于加快推进生态文明建设的意见》（中发〔2015〕12 号）将“健全生态保护补偿机制”作为“健全生态文明制度体系”的重要内容之一，生态补偿机制成为我国生态文明建设的核心制度。2016 年 5 月，《关于健全生态保护补偿机制的意见》（国办发〔2016〕31

号）对生态补偿进行系统全面部署，为我国生态补偿绘制了制度创新路线图。2017 年 10 月，党的十九大明确要建立市场化、多元化生态补偿机制。

2018 年 5 月，习近平总书记在全国生态环保大会上的讲话为生态文明建设做了顶层设计，生态补偿已经成为习近平生态文明思想的重要组成部分。同年 12 月，九部门联合印发《建立市场化、多元化生态保护补偿机制行动计划》（发改西部〔2018〕1960 号），指明了今后生态补偿向市场化、多元化方向发展。2019 年 11 月，国家发展改革委印发《生态综合补偿试点方案》（发改振兴〔2019〕1793 号），确定了在安徽省、福建省、江西省、海南省、四川省、贵州省、云南省、西藏自治区、甘肃省、青海省 10 个省（区）试点开展生态综合补偿工作。2019 年 12 月 5 日，十三届全国政协第 31 次双周协商座谈会专门围绕“建立生态补偿机制中存在的问题和建议”进行协商议政。党的十九届四中全会进一步要求落实生态补偿和生态环境损害赔偿制度。

从《生态文明体制改革总体方案》中明确如何建立生态补偿机制到出台专门针对生态补偿的指导性文件，从党的十九大报告提出“建立市场化、多元化生态补偿机制”到生态补偿成为习近平生态文明思想的重要组成部分，生态补偿已经被提到前所未有的高度（表 1-1）。

表 1-1　国家关于市场化、多元化生态补偿的要求

名称	年份	文号	市场化、多元化生态补偿的有关要求
党的十八大报告	2012		深化资源性产品价格和税费改革，建立反映市场供求和资源稀缺程度、体现生态价值和代际补偿的资源有偿使用制度和生态补偿制度

名称	年份	文号	市场化、多元化生态补偿的有关要求
《全国生态保护“十二五”规划》	2013	环发〔2013〕13 号	推动建立自然保护区和生物多样性保护优先区的生态补偿专项资金。参与并推动制定实施生态补偿条例。继续推进流域生态补偿试点工作，支持地方建立流域上下游市场化的生态补偿机制
《国务院批转发展改革委关于 2013 年深化经济体制改革重点工作意见的通知》	2013	国发〔2013〕20 号	建立健全最严格的环境保护监管制度和规范、科学的生态补偿制度。建立区域间环境治理联动和合作机制。完善生态环境保护责任追究制度和环境损害赔偿制度。制定加强大气、水、农村（土壤）污染防治的综合性政策措施。深入推进排污权、碳排放权交易试点，研究建立全国排污权、碳排放交易市场，开展环境污染强制责任保险试点。制定突发环境事件调查处理办法。研究制定生态补偿条例
《国务院关于依托黄金水道推动长江经济带发展的指导意见》	2014	国发〔2014〕39 号	按照“谁受益，谁补偿”的原则，探索上中下游开发地区、受益地区与生态保护地区试点横向生态补偿机制。依托重点生态功能区开展生态补偿示范区建设
《关于加快推进生态文明建设的意见》	2015	中发〔2015〕12 号	健全生态保护补偿机制。科学界定生态保护者与受益者权利、义务，加快形成生态损害者赔偿、受益者付费、保护者得到合理补偿的运行机制。结合深化财税体制改革，完善转移支付制度，归并和规范现有生态保护补偿渠道，加大对重点生态功能区的转移支付力度，逐步提高基本公共服务水平。建立地区间横向生态保护补偿机制，引导生态受益地区与保护地区之间、流域上游与下游之间，通过资金补助、产业转移、人才培训、共建园区等方式实施补偿。建立独立公正的生态环境损害评估制度
《国务院关于印发水污染防治行动计划的通知》	2015	国发〔2015〕17 号	实施跨界水环境补偿。探索采取横向资金补助、对口援助、产业转移等方式，建立跨界水环境补偿机制，开展补偿试点

名称	年份	文号	市场化、多元化生态补偿的有关要求
《生态文明体制改革总体方案》	2015	中发〔2015〕25 号	完善生态补偿机制。探索建立多元化补偿机制，逐步增加对重点生态功能区转移支付，完善生态保护成效与资金分配挂钩的激励约束机制。制定横向生态补偿机制办法，以地方补偿为主，中央财政给予支持。鼓励各地区开展生态补偿试点，继续推进新安江水环境补偿试点，推动在京津冀水源涵养区、广西广东九洲江、福建广东汀江—韩江等开展跨地区生态补偿试点，在长江流域水环境敏感地区探索开展流域生态补偿试点
《关于健全生态保护补偿机制的意见》	2016	国办发〔2016〕31 号	政府主导、社会参与。发挥政府对生态环境保护的主导作用，加强制度建设，完善法规政策，创新体制机制，拓宽补偿渠道，通过经济、法律等手段，加大政府购买服务力度，引导社会公众积极参与。健全生态保护市场体系，完善生态产品价格形成机制，使保护者通过生态产品的交易获得收益，发挥市场机制促进生态保护的积极作用
《贫困地区水电矿产资源开发资产收益扶贫改革试点方案》	2016	国办发〔2016〕73 号	按照“归属清晰、权责明确、群众自愿”的原则，合理确定以土地补偿费量化入股的农村集体土地数量、类型和范围，并将核定的土地补偿费作为资产入股试点项目，形成集体股权。入股资产应限于农村集体经济组织所有的耕地、林地、草地、未利用地等非建设用地的土地补偿费
《国务院办公厅关于完善集体林权制度的意见》	2016	国办发〔2016〕83 号	建立健全林权抵质押贷款制度，鼓励银行业金融机构积极推进林权抵押贷款业务，适度提高林权抵押率，推广“林权抵押+林权收储+森林保险”贷款模式和“企业申请、部门推荐、银行审批”运行机制，探索开展林业经营收益权和公益林补偿收益权市场化质押担保贷款

名称	年份	文号	市场化、多元化生态补偿的有关要求
《“十三五”生态环境保护规划》	2016	国发〔2016〕65号	加快建立多元化生态保护补偿机制。加大对重点生态功能区的转移支付力度，合理提高补偿标准，向生态敏感和脆弱地区、流域倾斜，推进有关转移支付分配与生态保护成效挂钩，探索资金、政策、产业及技术等多元互补方式。完善补偿范围，逐步实现森林、草原、湿地、荒漠、河流、海洋和耕地等重点领域和禁止开发区域、重点生态功能区等重要区域全覆盖。中央财政支持引导建立跨省域的生态受益地区和保护地区、流域上游与下游的横向补偿机制，推进省级区域内横向补偿。在长江、黄河等重要河流探索开展横向生态保护补偿试点。深入推进南水北调中线工程水源区对口支援、新安江水环境生态补偿试点，推动在京津冀水源涵养区、广西广东九洲江、福建广东汀江—韩江、江西广东东江、云南贵州广西广东西江等开展跨地区生态保护补偿试点。到2017年，建立京津冀区域生态保护补偿机制，将北京、天津支持河北开展生态建设与环境保护制度化
《关于加快建立流域上下游横向生态保护补偿机制的指导意见》	2016	财建〔2016〕928号	科学选择补偿方式。流域上下游地区可根据当地实际需求及操作成本等，协商选择资金补偿、对口协作、产业转移、人才培训、共建园区等补偿方式。鼓励流域上下游地区开展排污权交易和水权交易
《全国国土规划纲要（2016—2030年）》	2017	国发〔2017〕3号	建立健全生态保护补偿、资源开发补偿等区际利益平衡机制。逐步建立覆盖森林、草原、湿地、荒漠、海洋、水流、耕地等重点领域和禁止开发区域、重点生态功能区等重要区域的多元化生态保护补偿机制。推动地区间、流域上下游建立横向生态保护补偿机制，坚持谁受益、谁补偿的原则，探索开发地区对保护地区、生态受益区对生态保护区通过资金补助、产业转移、人才培训、园区共建等方式实施生态保护补偿。健全耕地保护补偿制度

名称	年份	文号	市场化、多元化生态补偿的有关要求
《关于划定并严守生态保护红线的若干意见》	2017	厅字〔2017〕2 号	加大生态保护补偿力度。财政部会同有关部门加大对生态保护红线的支持力度，加快健全生态保护补偿制度，完善国家重点生态功能区转移支付政策。推动生态保护红线所在地区和受益地区探索建立横向生态保护补偿机制，共同分担生态保护任务
《长江经济带生态环境保护规划》	2017	环规财〔2017〕88 号	推进生态保护补偿。加大重点生态功能区、生态保护红线、森林、湿地等生态保护补偿力度。按照“谁受益谁补偿”的原则，探索上中下游开发地区、受益地区与生态保护地区横向生态保护补偿机制试点。继续推进新安江等流域生态保护补偿试点工作，根据跨界断面水质达标状况制定补偿标准，促进地方政府落实行政区域水污染防治责任。探索多元化补偿方式，将生态保护补偿与精准脱贫有机结合，通过资金补助、发展优势产业、人才培训、共建园区等方式，对因加强生态保护付出发展代价的地区实施补偿
《关于全面深化价格机制改革的意见》	2017	发改价格〔2017〕1941 号	完善生态补偿价格和收费机制。按照“受益者付费、保护者得到合理补偿”原则，科学设计生态补偿价格和收费机制。完善涉及水土保持、渔业资源增殖保护、草原植被、海洋倾倒等资源环境有偿使用收费政策，科学合理制定收费办法、标准，增强收费政策的针对性、有效性。积极推动可再生能源绿色证书、排污权、碳排放权、用能权、水权等市场交易，更好发挥市场价格对生态保护和资源节约的引导作用
党的十九大报告	2017		建立市场化、多元化生态补偿机制

名称	年份	文号	市场化、多元化生态补偿的有关要求
《中共中央　国务院关于实施乡村振兴战略的意见》	2018	中发〔2018〕1号	建立市场化、多元化生态补偿机制。落实农业功能区制度，加大重点生态功能区转移支付力度，完善生态保护成效与资金分配挂钩的激励约束机制。鼓励地方在重点生态区位推行商品林赎买制度。健全地区间、流域上下游之间横向生态保护补偿机制，探索建立生态产品购买、森林碳汇等市场化补偿制度。建立长江流域重点水域禁捕补偿制度。推行生态建设和保护以工代赈做法，提供更多生态公益岗位
《生态扶贫工作方案》	2018	发改农经〔2018〕124号	不断完善转移支付制度，探索建立多元化生态保护补偿机制，逐步扩大贫困地区和贫困人口生态补偿受益程度
《关于建立健全长江经济带生态补偿与保护长效机制的指导意见》	2018	财预〔2018〕19号	充分引导发挥市场作用。各级财政部门要积极推动建立政府引导、市场运作、社会参与的多元化投融资机制，鼓励和引导社会力量积极参与长江经济带生态保护建设。研究实行绿色信贷、环境污染责任保险政策，探索排污权抵押等融资模式，稳定生态环保PPP项目收入来源及预期，加大政府购买服务力度，鼓励符合条件的企业和机构参与中长期投资建设。探索推广节能量、流域水环境、湿地、碳排放权交易、排污权交易和水权交易等生态补偿试点经验，推行环境污染第三方治理，吸引和撬动更多社会资本进入生态文明建设领域
《长江保护修复攻坚战行动计划》	2018	环水体〔2018〕181号	完善流域生态补偿。健全长江流域生态补偿机制，深入实施长江经济带生态保护修复奖励政策，进一步加大中央财政支持长江经济带及源头地区生态补偿资金投入，推进沿江11省市实施市场化、多元化的横向生态补偿。实行国家重点生态功能区转移支付资金与补偿地区生态环境保护绩效挂钩。沿江11省市加快建立行政区域内与水生态环境质量挂钩的财政资金奖惩机制

名称	年份	文号	市场化、多元化生态补偿的有关要求
《建立市场化、多元化生态保护补偿机制行动计划》	2018	发改西部〔2018〕1960 号	建立市场化、多元化生态保护补偿机制要健全资源开发补偿、污染物减排补偿、水资源节约补偿、碳排放权抵消补偿制度，合理界定和配置生态环境权利，健全交易平台，引导生态受益者对生态保护者的补偿。积极稳妥发展生态产业，建立健全绿色标识、绿色采购、绿色金融、绿色利益分享机制，引导社会投资者对生态保护者的补偿

2

重点领域生态补偿有序推进

2.1 森林生态效益补偿

2.1.1 国家逐步完善森林生态效益补偿机制

我国对于森林资源的使用政策将原来的无偿使用改为了有偿使用，逐步加大了有偿使用的管理力度，并加大了对森林的营造、抚育、管理与保护的资金投入力度，使得我国森林生态效益补偿机制更加完善。

总体来看，我国的森林生态效益补偿制度经历了以行政手段进行规范到通过国家立法进行调整的发展历程。1998 年，国家森林生态效益补偿制度首次在《中华人民共和国森林法》被确立；2000 年，国务院颁布的《中华人民共和国森林法实施条例》中，森林经营者获得森林生态效益补偿的权利得到了法律保障；中央财政自 2001 年起设立“森林生态效益补助资金”，在全国开展森林生态效益资金补助试点工作，《森林生态效益补助资金管理办法（暂行）》（财农〔2001〕190 号）强调，补助资金是用于重点防护林和特种用途林保护和管理的专项资金，按照中央财政补助地方专款有关规定进行管理；2003 年，中共中央、国务院颁布的《关于加快林业发展的决定》（中发〔2003〕9 号）强调，必须把林业建设放在更加突出的位置，在生态建设中要赋予林业以首要地位；2004 年，财政部、国家林业局联合颁布《中央森林生态效益补偿基金管理办法》（财农〔2004〕169 号），将森林生态效益补助资金转为中央森林生态效益补偿基金，正式建立森林生态效益补偿制度。此外，还出台了一系列文件加强了相关制度建设。如财政部、国家林业局于 2007 年联合修订《中央财政森林生态效益补偿基金管理办法》，对森林生态效益补偿基金制度的内容进行了部分调整；2013 年发布《国家级公益林管理办法》（林资发〔2013〕71 号），强调中央财政安排森林生态效益补偿基金用于对国家级公益林的保护和管理。另外，我国还设有森林生态工程专项补偿制度，进一步明确了补偿范围和补偿目标，这对我国各项防护林体系建设工程的顺利实施具有十分重要的保障作用。2019 年 12 月，十三届全国人大常委会第十五次会议表决通过的新修订的《中华人民共和国森林法》，强调保护林业经营主体的权益。

据统计，2012 年国家林业局与财政部共同划定国家级公益林 18.67 亿亩①（其中：国有 10.67 亿亩，集体和个人所有 8 亿亩），其中 13.85 亿亩纳入森林生态效益补偿补助范围。2013 年将集体和个人所有的国家级公益林效益补偿补助标准提高到每年每亩 15 元；2016 年将国有的国家级公益林效益补偿标准提高到每年每亩 8 元，2017 年进一步提高到 10 元。2018 年下达国家级森林生态效益补助资金 175.8 亿元，2016—2018 年累计下达 519.16 亿元。

2.1.2 地方创新开展森林生态效益补偿实践

在森林生态效益补偿方面，有近 30 个省份建立了省级财政森林生

① 1 亩=1/15 hm^2。

态效益补偿基金。除了国家层面的各项政策之外，各地还按照国家森林生态效益补偿基金制度的规定，具体制定和实施了适合本地情况的森林生态效益补偿基金制度，创新开展森林生态效益补偿实践。如《广东省森林保护管理条例》中规定各级政府每年应从地方财政支出中安排不低于 1%的资金用于造林、育林、护林、生态公益林建设和林业科技教育；新疆、四川、江西等省（区）都对中央和省级财政补偿基金的补偿主体、补偿范围和补偿标准做了不同的规定。

江西省、重庆市、福建省、青海省西宁市等地探索形成了商品林赎买、购买森林面积指标、打造“森林生态银行”、分类分档补偿等创新方式。江西省已探索形成以赎买为基础，协议封育、改造提升等为补充的多样化赎买改革模式，对省级以上自然保护区内的非国有商品林进行权属赎买，对重要生态区的非国有商品天然林进行协议封育，对重要生态区的非国有商品人工林进行改造提升，并根据试点实际情况，选择最适宜的改革模式。2019 年 3 月，重庆市在全国率先探索建立了“提高森林覆盖率横向生态补偿机制”，达到森林覆盖率目标值确有困难的区县，向森林覆盖率高出目标值的区县购买森林面积指标，用于本区县森林覆盖率目标值的计算。福建省顺昌县依托县国有林场，成立林业资源运营有限公司，作为“森林生态银行”主体，开展森林生态效益补偿，一是通过林权抵押担保、合作经营、赎买收储、托管经营等方式，“储存”林农碎片化、分散化的森林资源；二是对吸收的森林资源进行造林抚育、集约经营、综合开发，形成优质高效的资源资产包，通过项目收益、抵押贷款、资本运作等方式将资源资产包转化为资金，增强“造血”功能，实现青山变“银行”、林农变“储户”、资源变“资金”。2019 年 7 月，西宁市开展森林生态效益分类分档补偿试点工作，通过将区域内的 20 979 亩集体和个人所有的有林地、灌木林地、未成林造林地划分为三类六档分别进行生态效益补偿。

专栏 2-1 重庆首单横向生态补偿协议

江北区政府与酉阳县政府签订了建立横向生态补偿、提高森林覆盖率的协议，江北区以 1.875 亿元购买酉阳 7.5 万亩森林面积指标。这是重庆为提高森林覆盖率签订的首单横向生态补偿协议，交易森林面积指标为 7.5 万亩，成交金额为 1.875 亿元。

按照协议，江北区购买酉阳县 7.5 万亩森林面积指标，该面积指标仅专项用于江北区森林覆盖率目标值计算，不与林地、林木所有权等权利挂钩，也不与造林任务、资金补助挂钩。到 2021 年，江北区的森林覆盖率（加上购买的 7.5 万亩指标）若仍未达到 55%，江北区还要向酉阳县增购相应的森林面积指标。江北区支付酉阳县的横向生态补偿资金，将专项用于酉阳县森林资源保护发展工作。

建立横向生态补偿机制，是以提高全市森林覆盖率为目标，通过建立政府纵向转移支付与地区间横向生态补偿相结合的多元化生态补偿机制，促使区县政府切实履行提高森林覆盖率职责，由被动完成植树造林任务转变为主动加强国土绿化工作，形成共同担责、共建共享的格局。实施好横向生态补偿，让保护发展生态的地方不吃亏、能受益，形成森林资源保护与全域经济社会发展良性互动。

购买森林面积指标所需的条件

2018 年 10 月 30 日，市政府办公厅印发了《重庆市实施横向生态补偿提高森林覆盖率工作方案（试行）》，标志着重庆市在全国首创的横向生态补偿机制正式实施。到 2022 年，国家确定的产粮大县或菜油主产区（不包括国家重点生态功能区县）的森林覆盖率目标值不低于 50%；既是产粮大县又是菜油主产区（不包括国家重点生态功能区县）的森林覆盖率目标值不低于 45%；其余区县的森林覆盖率目标值不低于 55%。以 2022 年森林覆盖率达到 55%为导向，对于因土地有限难以达到森林覆盖率目标值的区县，可通过区县间购买森林面积指标实现横向生态补偿，加快建设山清水秀美丽之地。

如何购买森林面积指标

未达到目标值的区县如何提高森林覆盖率？有实际困难的区县，可以向森林覆盖率高出目标值的区县购买森林面积指标，计入本区县森林覆盖率。在购买森林面积指标过程中，购买指标的区县与出售指标的区县需要根据森林资源所在位置和质量、造林及管护成本协商确认森林面积指标价格，不低于指导价（1 000 元/亩），一次性支付。同时，从购买之时起，购买指标的区县需要支付相应面积的森林管护经费，不低于指导价［100 元/（亩·a）］，管护年限不少于 15 年，管护经费可分年度支付，也可约定分 3～5 次集中支付。协议履行后，市林业局将完成森林面积指标转移、森林覆盖率目标值确认等工作。

购买支付的资金如何使用

除了购买指标的区县，出售指标的区县也有相应限制。出售森林面积指标的区县必须确保交易后本行政区域内森林覆盖率不低于 60%（扣除交易指标）。在横向生态补偿机制正式实施后，已超过森林覆盖率目标值的区县，在国土绿化提升行动中森林覆盖率需要至少新增 5 个百分点。在购买指标的区县支付了横向生态补偿资金后，出售指标的区县将严格保护涉及地块的森林资源，合法、合规、合理使用横向生态补偿资金，确保资金全部用于森林资源保护发展。

2.2 流域生态补偿

2.2.1 国家有序推进跨省流域生态补偿

多个跨省流域深入开展横向生态补偿试点工作。跨省流域生态补偿一般是受益者和生态保护者之间直接协商实施的补偿，上级政府视情况给予资金补助。我国在部分江河源头区、重要水源地、河湖的生态修复、水土流失治理等方面，逐步开展了流域生态补偿的实践探索。在全国首个跨省的新安江流域水环境补偿试点取得丰富经验的基础上，九洲江、汀江—韩江、东江、引滦入津、赤水河、密云水库上游潮白河等多个跨省流域上下游横向生态补偿试点工作深入推进（表 2-1），流域水环境质量得到持续改善。财政部和生态环境部在浙皖两省实施了新安江流域水环境补偿试点工作，第三轮试点在货币化补偿的基础上，积极探索多元化、市场化的补偿机制。一方面鼓励和支持通过设立绿色基金、政府和社会资本合作（PPP）模式、融资贴息等方式，引导社会资本加大对新安江流域综合治理和绿色产业的投入，另一方面将充分发挥杭黄铁路等重大交通设施的连通作用，按照产业互补、生态共建、发展共享的原则，积极创设平台，强化杭州市和黄山市的产业项目对接，协力推进黄山市加快实现绿色发展。2018 年 2 月，云南省、贵州省、四川省政府签订了《赤水河流域横向生态保护补偿协议》，并按 1∶5∶4 的比例，共同出资 2 亿元人民币，设立赤水河流域横向补偿资金，分配比例为 3∶4∶3，明确补偿目标是赤水河生态环境质量达标并保持稳定、水质不恶化。根据目标，各责任断面考核水质若未完全达标或不达标，其补偿金将被适当或全部扣减，拨付给下游地区。

表 2-1　跨省流域生态补偿试点情况

流域	进展阶段	印发部门	资金来源	资金用途
新安江流域	第三轮（2018—2020 年）	安徽省政府和浙江省政府	皖浙两省共同设立新安江流域上下游横向生态补偿资金，期间两省每年各出资 2 亿元	用于新安江流域环境综合治理、水污染防治、生态保护建设、产业结构调整、产业布局优化和生态补偿等方面，特别强调加强农业面源氮、磷污染生态拦截工程建设

流域	进展阶段	印发部门	资金来源	资金用途
九洲江流域	第二轮（2018—2020年）	广西壮族自治区政府和广东省政府	广西、广东两省（自治区）共同设立九洲江流域上下游横向生态补偿资金，2018—2020年由两省（自治区）每年各出资1亿元	资金用于两省（自治区）政府批复的《粤桂九洲江流域水污染防治规划》中确定的目标要求的实现和工程任务的完成
汀江—韩江流域	第二轮（2019—2021年）	福建省政府和广东省政府	双方各出资1亿元，并向中央争取奖励资金支持	用于汀江—韩江流域水污染防治工作
东江流域	第二轮（2019—2021年）	江西省政府和广东省政府	由中央财政每年安排专项资金，江西、广东两省财政配套安排一定的资金	用于流域沿县实施废弃矿山综合治理、污染治理、水土流失治理、农村环境综合整治、绿化造林等一系列工程项目
引滦入津上下游	第二轮（2019—2021年）	河北省政府和天津市政府	天津市、河北省财政分别安排补偿资金，根据考核结果据实拨付；中央财政补助资金按政策申请，拨付河北省用于上游生态环境保护工作，确保专款专用	用于潘家口、大黑汀水库及上游地区、引滦输水沿线水环境治理、水生态修复、水资源保护等项目，冀津两地将对资金使用共同开展绩效评估工作
赤水河流域	第一轮（2018—2020年）	云南、贵州、四川三省政府	云南、贵州、四川三省共同出资2亿元设立赤水河流域水环境横向补偿资金，三省的出资比例为1∶5∶4，补偿资金在三省间分配比例为3∶4∶3	用于流域生态环境保护、治理等水污染防治工作，并依据协议对确定的考核断面水质达标情况进行清算
潮白河流域水源涵养区	第一轮（2018—2020年）	北京市政府和河北省政府	资金由北京市财政资金、河北省财政资金和申请的中央财政资金组成	用于水源涵养区相关县（区）的水环境治理、水生态修复、水资源保护等方面

2.2.2 地方积极开展省内流域生态补偿

省辖区内的补偿常以政府主导模式为主，受益者和生态保护者在上级政府指导下间接实施补偿。截至 2019 年年底，广西、内蒙古、山东、湖南等 20 余个省（区）出台了与流域生态补偿相关的政策。总体来看，省内流域生态补偿目标以水环境质量状况改善为主，考核依据主要为跨界断面关键水质因子浓度或通量。补偿方向有 4 种类型：第一类是单向的奖补方式，即由上级政府筹集资金对生态保护者按照补偿目标的实现程度予以奖补，如江西省和福建省的做法；第二类是单向的扣缴方式，即由上级政府统一对未实现补偿目标的生态保护者予以扣缴财政资金，如北京市的做法；第三类是既奖补也扣缴的双向补偿方式，即上级政府对未实现补偿目标的生态保护者予以扣缴财政资金，对实现补偿目标的生态保护者予以奖励，如贵州省和湖南省的做法；第四类是奖励补偿与损害赔偿相结合的补偿方式，即实现补偿目标时由受益者对生态保护者予以奖励补偿，反之，未实现补偿目标时由生态保护者对受益者予以损害赔偿，如新安江流域水环境补偿的做法。这些地区在辖区内流域生态补偿方面积累了较丰富的经验，可以互相提供借鉴，并为国家有关政策制定积累了丰富的地方案例。部分省份、地市出台的与流域生态补偿有关的政策见表 2-2。

表 2-2 部分省份、地市出台的与流域生态补偿有关的政策

文件名称	发布时间	印发部门
《河南省水环境生态补偿暂行办法》	2010 年	河南省人民政府办公厅
《江苏省水环境区域补偿实施办法（试行）》	2013 年	江苏省人民政府办公厅
《北京市水环境区域补偿办法（试行）》	2014 年	北京市人民政府办公厅

文件名称	发布时间	印发部门
《福建省重点流域生态补偿办法》	2015 年	福建省人民政府
《江西省流域生态补偿办法（试行）》	2015 年	江西省人民政府
《安徽省大别山区水环境生态补偿办法》	2014 年	安徽省财政厅、环境保护厅
《湖南省湘江流域生态补偿（水质水量奖罚）暂行办法》	2014 年	湖南省财政厅、环境保护厅、水利厅
《四川省“三江”流域水环境生态补偿办法（试行）》	2016 年	四川省人民政府
《黑龙江省穆棱河和呼兰河流域跨行政区界水环境生态补偿办法》	2016 年	黑龙江省财政厅、环境保护厅
《贵州省清水江流域水污染补偿办法》	2010 年	贵州省人民政府办公厅
《贵州省红枫湖流域水污染防治生态补偿办法（试行）》	2012 年	贵州省人民政府办公厅
《贵州省赤水河流域水污染防治生态补偿暂行办法》	2014 年	贵州省人民政府办公厅
《关于健全生态保护补偿机制的实施意见》	2017 年	云南省人民政府办公厅
《江西省建立省内流域上下游横向生态保护补偿机制实施方案》	2019 年	江西省生态环境厅、财政厅、发展和改革委员会、水利厅
《修河（金沙河段）（定江河段）流域上下游横向生态保护补偿协议》	2019 年	宜春市铜鼓县与九江市修水县签署
《江门市谭江流域生态保护补偿办法》	2019 年	江门市生态环境局、财政局
《四川省流域横向生态保护补偿奖励政策实施方案》	2019 年	四川省财政厅、生态环境厅、发展和改革委员会、水利厅
《湖南省流域生态保护补偿机制实施方案（试行）》	2019 年	湖南省财政厅、生态环境厅、发展和改革委员会、水利厅
《斧头湖流域碧水入湖生态保护补偿机制实施方案（试行）》	2019 年	咸宁市人民政府办公室
《孝感市澴河流域生态补偿方案》	2019 年	孝感市人民政府办公室
《孝感市府河流域生态补偿方案》	2019 年	孝感市人民政府办公室

文件名称	发布时间	印发部门
《关于试行地表水环境质量生态补偿工作的通知》	2019 年	青岛市人民政府办公厅
《沱湖流域上下游横向生态补偿实施方案》	2019 年	安徽省生态环境厅、财政厅

2.3 草原生态补偿

2.3.1 国家逐渐完善草原生态补偿奖励政策

我国草原生态补偿是通过补助和奖励的政策手段达到减畜和草畜平衡的政策目标，最终在牧民收入不减少的条件下使草原退化得到减缓。我国于 2003 年和 2011 年先后实施了旨在保护草原生态环境的“退牧还草”工程和“草原生态保护补助奖励机制”。2011 年 6 月 1 日，国务院发布的《关于促进牧区又好又快发展的若干意见》要求草原牧区遵照“生产生态有机结合、生态优先的基本方针”，全面建立草原生态保护补助奖励机制。2015 年 4 月 25 日，中共中央、国务院发布的《关于加快推进生态文明建设的意见》明确要求严格落实禁牧休牧和草畜平衡制度，加大退牧还草力度，继续实行草原生态保护补助奖励机制。2016 年中央一号文件《关于落实发展新理念加快农业现代化　实现全面小康目标的若干意见》提出，实施新一轮草原生态保护补助奖励政策，适当提高补奖标准。自 2016 年起，我国第二轮草原生态补助奖励政策继续实施，政策覆盖范围由 2011 年第一轮的 8 个省（区）和新疆生产建设兵团扩展到了 13 个省（区）和新疆生产建设兵团。

据统计，2018 年中央安排资金 187.6 亿元，落实草原禁牧面积 12.1 亿亩，草畜平衡面积 26 亿亩，下达绩效考核奖励近 32 亿元。落实好草原生态保护补助奖励政策，有助于推进全国草原生态保护恢复进程，促进草原畜牧业生产方式的转变。

2.3.2 地方全面落实草原奖补机制

各地在积极落实国家草原奖补政策的同时，根据实际情况，因地制宜制定地方草原奖补相关政策，制定不同的资金分配方案。西藏规定各州（市）可结合本地草原载畜能力、牧民承包草场面积、人口数量、牧民收入构成等情况，在安排的补奖资金额度内，制定“上封顶、下保底”标准，并将这一标准纳入草原生态保护补助奖励政策、实现草畜平衡的非纯牧户不享受保底政策。

吉林省制定印发了《关于做好国有草原使用权确权登记工作的通知》《吉林省草地资源清查工作实施方案》，开展草原使用权确权工作。

按照草原奖补资金不得结余的要求，宁夏回族自治区县级政府实行封顶保底的方案，每户补助面积最大不得超过 3 000 亩，保底面积根据封顶结余资金测算确定。

2.4 湿地生态补偿

2.4.1 湿地生态补偿以湿地生态效益补偿和退耕还湿为主

从已经开展的湿地生态补偿来看，湿地生态补偿至少涉及以下两个层面：①对湿地生态系统的补偿，也就是采取相应的措施，恢复和重建已经被破坏的湿地；对于濒临破坏的湿地，加大保护性投入。②对相关利益者的补偿。

从国家层面来看，《中华人民共和国水污染防治法》规定：“县级以上地方人民政府应当根据保护饮用水水源的实际需要，在准保护区内采取工程措施或者建造湿地、水源涵养林等生态保护措施。”《中华人民共和国土地管理法》规定征收土地的，按照被征收土地的原用途给予补偿等，在一定程度上体现了湿地生态补偿制度建设的含义。2014年中央一号文件《关于全面深化农村改革加快推进农业现代化的若干意见》指出要完善森林、草原、湿地、水土保持等生态补偿制度，开展湿地生态效益补偿和退耕还湿试点。为支持湿地保护与恢复，从2014年起，中央财政大幅度增加了湿地保护投入，原国家林业局会同财政部启动了湿地生态效益补偿试点、退耕还湿试点。2017年，中央财政安排湿地补助16亿元。补偿省份由上年的18个增加到23个；安排退耕还湿补助3亿元，退耕还湿任务为30万亩，比上年增加10万亩，实施退耕还湿的省份由上年的8个增加到12个。各省在确保完成中央下达的约束性指标的前提下，可根据本省实际，结合本省资金安排情况，在资金使用范围内统筹使用资金。

2.4.2 地方探索完善湿地生态保护方式

从地方层面来看，一些省市制定的湿地保护条例也涉及湿地生态补偿制度建设的内容。例如，《北京市湿地保护条例》规定：“按照湿地保护发展规划恢复或者建设湿地，造成农村集体经济组织或者农民合法权益损失的，市或者区、县人民政府依法予以补偿；对农民生产、生活造成影响的，应当作出妥善安排。”《青海省湿地保护条例》规定：“县级以上人民政府应当逐步建立健全湿地生态效益补偿制度。对依法占用湿地和利用湿地资源的，按照‘谁利用谁保护、谁受益谁补偿’的原则，建立补偿机制。因保护湿地给湿地所有者或者经营者合法权益造成损失的，应当按照有关规定予以补偿。”黑龙江、山东、广东、湖北等省份还安排了专项资金用于湿地保护。

部分省份还通过制定湿地保护工程规划等形式开展了湿地生态补偿实践工作。2010 年，广东省拿出湿地生态效益补偿资金 1 000 万元，在湛江红树林国家级自然保护区、广州南沙湿地等具有典型代表性的重点湿地区域开展了湿地生态效益补偿试点。2019 年，江西省统筹安排 2 700 万元，用于补偿鄱阳湖湿地周边因保护候鸟造成损失的湖区群众、社区及相关保护区。

专栏 2-2　湿地生态补偿相关案例

江西：2 700 万元湿地生态补偿款为候鸟“保驾护航”

随着中央林业改革发展资金下达，江西 2019 年统筹安排 2 700 万元，用于补偿鄱阳湖湿地周边因保护候鸟造成损失的湖区群众、社区及相关保护区，比 2018 年多出 700 万元，以破解鄱阳湖“人鸟争食”的问题。

鄱阳湖国家重要湿地生态效益补偿主要用于对候鸟迁飞路线上的重要湿地，因鸟类等野生动物保护造成的损失给予补偿。补偿对象分三类：受损的基本农田及第二轮土地承包范围内的耕地承包经营权人、遭受损失或受影响的社区和承担了鄱阳湖国家重要湿地保护任务的鄱阳湖国家级自然保护区管理局。

江西湿地生态补偿实施范围不断增加，已从部分区域扩大到鄱阳湖全域范围。

浙江：湿地生态保护补偿机制

将湿地保护级别、保护与恢复面积、保护与拯救对象数量作为省林业发展和资源保护专项资金的分配因素，切块下达，由市县按照年度计划任务统筹使用省财政补助资金。2017 年，省级以上财政共安排湿地保护与恢复资金 0.18 亿元，支持各地开展湿地保护与恢复和湿地公园建设。

无锡：提高湿地生态补偿标准

围绕太湖治理，无锡市近年来大力推进30多个省、市级重点湿地工程，总投资达到28.5亿元，全市已建成梁鸿、蠡湖、长广溪3个国家湿地公园，以及一批省级湿地公园和24个湿地保护小区，太湖湖滨、入湖河道、上游关键湖泊串联形成健康、管理规范的湿地生态系统。宜兴累计实施14项省级湿地生态修复工程，以前有滥垦乱种等现象的团氿、东氿现在成为兼具生态和观赏功能的湿地。锡山区通过九里河、北兴塘河等湿地工程，进一步增强了河滨带涵养水源和截污净化功能。

2018年湿地保护小区的补偿标准从每年每个50万元提高到80万元，省级以上湿地公园标准从每年每个100万元提高到150万元，县级以上生态公益补偿标准从每年每亩100元提高到200元。湿地保护范围有所扩大，种质资源保护区、湿地涵养区也可领到生态补偿资金。通过水系沟通、植被恢复、动物栖息地建设，湿地及周边生态环境得以改善。连接蠡湖与太湖的长广溪在10余年前河面缩小、环境脏乱差，经过连续几年修复建设后，水质由原先的Ⅳ～Ⅴ类提升至Ⅲ类，景区内鱼、鸟等动物显著增多。

2.5 耕地生态补偿

2.5.1 耕地保护政策强调政府调控

我国耕地保护政策大致经历了萌芽期（1978—1985 年）、初创期（1986—1997 年）、发展期（1998—2003 年）和完善期（2004 年至今）4个发展阶段。由于粮食生产需求的迫切性，在 1978 年的政府工作报告里，开始重视耕地资源的利用问题。1982 年，中央一号文件《全国农村工作会议纪要》中提出，耕地保护应作为国家政策。1994 年，国务院下发了《基本农田保护条例》，开始在全国范围内实施以耕地保护为目标的基本农田保护制度。完善期是我国耕地政策转变的关键阶段，2004—2008年，中央一号文件越来越重视对耕地的保护，耕地保护政策体系趋于完善。2016年，中央一号文件《关于落实发展新理念加快农业现代化 实现全面小康目标的若干意见》，提出大规模推进高标准农田建设，加大投入力度，整合建设资金，创新投融资机制，加快建设步伐，到2020年确保建成8亿亩、力争建成10亿亩集中连片、旱涝保收、稳产高产、生态友好的高标准农田。我国初步建立了质量、数量、生态“三位一体”的耕地保护政策体系。

2.5.2 地方探索耕地保护补偿模式

目前全国约有1/4的省份在全省推进耕地保护补偿激励工作，因地制宜建立耕地保护补偿激励机制，形成了一批典型经验做法，主要有普惠性补偿、激励性奖励、新增建设用地计划指标奖励、农田生态补偿、粮食生产补偿5种模式。

1）普惠性补偿。一般以辖区范围内耕地面积和永久基本农田面积为基数，按照亩均标准对村集体经济组织和农户进行经济补偿。如广东省自2012年起，省级财政预算设立基本农田保护经济补偿专项资金，每年对全省范围内的永久基本农田按照30元/亩的标准进行补偿，其中小珠三角地区每年以15元/亩标准补偿，同时要求各地级以上市、县（市、区）配套投入相应补助资金，其中仅城市配套补助资金每年高达2 000元/亩，部分有条件的地区将补偿范围扩大到一般耕地。

2）激励性奖励。根据耕地保护责任目标考核结果，对耕地保护工作突出的单位和个人进行奖励。如山东省省级财政每年拿出约2亿元用于耕地保护激励，每年评选出100～200个乡（镇）作为激励对象，每个乡镇奖励 100 万元，乡镇再评选出一定比例的村集体经济组织，每个村奖励 10 万元。

3）新增建设用地计划指标奖励。根据耕地保护责任目标考核结果，对耕地保护成效突出的市、县（市、区）给予一定规模的建设用地指标奖励。如江西省每年对 3 个设区市和 10 个县（市、区）分别给予 200 亩和 120 亩的建设用地指标奖励。

4）农田生态补偿。将具有生态功能的永久基本农田纳入生态补偿范围，按照一定标准对负责保护利用的村集体经济组织发放补贴资金。如上海市对所辖各区进行永久基本农田生态补偿财政转移支付，平均补偿标准约为 220 元/亩。

5）粮食生产补偿。在耕地保护相关补偿基础上，重点突出种粮补贴，补贴资金一般直接发放给粮食种植者。如江西省每年对水稻种植的补贴约为 14.4 亿元。

2.6 海洋生态补偿

2.6.1 国家海洋生态补偿制度建设刚刚起步

国家相继出台了一系列与海洋环境保护相关的政策文件，相关文件中也有涉及海洋生态补偿的一些表述，但尚未出台专门针对海洋生态补偿的政策文件。2008 年，国家海洋局发布的《国家海洋事业发展规划纲要》首次明确了我国政府要将生态补偿机制全面运用于海洋生态保护事业，这标志着我国对海洋生态补偿及其机制的研究进入了一个全新的阶段。2009 年 8 月 24 日，国家海洋局发布的《关于进一步加强海洋生态保护与建设工作的若干意见》（国海发〔2009〕14 号）中要求国家海洋局“制定出台海洋生态损害补偿赔偿办法及相关标准，建立健全海洋与海岸工程生态补偿、生态污损事故赔偿等海洋环境经济政策，条件成熟的沿海地区海洋部门要积极开展海洋生态损害补偿赔偿工作试点”。2009 年 3 月 26 日，国家海洋局发布的《关于进一步加强海洋环境监测评价工作的意见》（国海环字〔2009〕163 号），要求“对海洋工程特别是围填海项目实施动态监测，评估海洋生态环境变化，确定生态受损程度，为生态修复及补偿工作奠定基础”。此后，生态补偿制度又在 2015 年实施的《中华人民共和国环境保护法》中被明确规定。国家还颁布了《海洋生态资本评估技术导则》（GB/T 28058—2011）、《建设项目对海洋生物资源影响评价技术规程》（SC/T 9110—2007）等技术标准，为海洋生态补偿工作的开展提供了技术支撑。2017 年，中央财政安排 4 亿元，用于支持水生生物资源增殖放流，在恢复渔业种群资源、改善水域生态环境、增加渔业效益和渔业收入、增强社会各界环保意识等方面发挥了积极作用。

2.6.2 地方先行先试海洋生态补偿制度

辽宁、山东、江苏、浙江、福建、广东、广西等地积极探索开展海洋生态补偿制度研究，制定了相关的海洋生态补偿法律法规、规范性文件等，在海洋生态补偿相关制度建设、补偿方式上为国家政策出台提供先例（表 2-3）。福建专门制定了《福建省海洋环境保护条例》，在海洋环境保护条例体系中加入了“谁污染谁治理，谁开发谁保护”“污染者付费，受益者负担”等原则，为建立海洋生态补偿制度提供了基础。山东省和厦门市还出台了地方性海洋生态保护补偿管理办法。2016 年，山东省财政厅、海洋与渔业厅印发了《山东省海洋生态保护补偿管理办法》，该办法分别从概念、补偿标准、补偿范围、核定方式以及征缴使用四个方面详细阐述了海洋生态补偿的管理，这不仅标志着海洋生态文明建设向前迈进一大步，而且也是国内第一个关于海洋生态补偿的规范性文件。2018 年 4 月，厦门市印发《厦门市海洋生态保护补偿管理办法》，有效期限为 3 年，目的是维护海洋生态系统，保护海洋生态环境，加快建设海洋生态文明示范区。该办法强调，依法取得厦门市管辖范围内海域使用权的单位和个人，一旦在开发海洋活动中损害海洋生态系统，就需要通过缴纳海洋生态保护补偿金或者启动生态系统修复项目等方式，补偿对海洋生态系统的损害。该办法同时还规定，海洋生态损害补偿坚持“谁使用、谁补偿”的原则和“政府主导、社会参与”的原则。2019 年，广西制定出台了《广西壮族自治区海洋生态补偿管理办法》，实行资源有偿使用制度和污染破坏补偿制度。

地方政府还积极探索开展了大量的海洋生态补偿实践。山东与海南两省率先公布了海洋生态补偿技术标准以及相关管理规定，并开展了一些生态补偿实践。2011—2012 年，威海市、连云港市、深圳市作为全国海洋生态保护补偿试点市，从海洋开发活动生态补偿、海洋保护区生态补偿和海洋生态修复工程生态补偿三方面推进海洋生态补偿的试点工作。山东、福建、广东等省在围填海、跨海桥梁、海底排污管道等建设项目中开展生态补偿试点，由开发利用主体缴纳生态保护补偿费用，由主管部门统筹安排海洋生态补偿，或由开发利用主体直接采取工程补偿措施进行生态修复与整治，但相关的补偿资金还未覆盖至镇、村两级。

表 2-3　有关地方关于海洋生态补偿的相关政策文件

地区	文件名	发布时间	基本原则
天津	《天津市海域环境保护管理办法》	1996 年 1 月	各级人民政府和有关部门，在开发利用海洋资源中，应当遵照谁开发谁保护、谁破坏谁恢复、谁利用谁补偿和开发利用与保护增殖并重的方针

地区	文件名	发布时间	基本原则
福建	《福建省海洋环境保护条例》	2002 年 9 月	海洋环境保护应当坚持科学规划、统筹兼顾、预防为主、防治结合的原则，实行谁污染谁治理，谁开发谁保护
厦门	《厦门市海洋环境保护若干规定》	2016 年 4 月	市人民政府按照海陆统筹、集中协调、科学决策的原则，组织各有关部门建立海洋及海岸带综合管理机制，具体工作由市海洋行政主管部门组织实施
江苏	《江苏省海洋环境保护条例》	2016 年 3 月	海洋环境保护应当统筹规划、海陆兼顾，坚持预防为主，污染防治与生态建设并重
辽宁	《辽宁省海洋环境保护办法》	2018 年 7 月	海洋环境保护应当坚持科学规划、节约和保护优先、陆海统筹、综合治理、自然恢复为主、损害担责的原则
山东	《山东省海洋生态保护补偿管理办法》	2016 年 2 月	海洋生态保护补偿遵循环境公平、社会公平，坚持使用资源付费和谁污染环境、谁破坏生态谁付费原则
厦门	《厦门市海洋生态保护补偿管理办法》	2018 年 4 月	海洋生态保护补偿实行“政府主导、社会参与”原则
广西	《广西壮族自治区海洋生态补偿管理办法》	2019 年 10 月	海洋生态补偿遵循生态公平、社会公平，坚持使用资源付费和谁污染、谁破坏生态谁付费原则，实行资源有偿使用制度和生态补偿制度

3

生态功能重要区域生态补偿制度建设提速

3.1 生态综合补偿提上日程

3.1.1 国家确定生态综合补偿基本方向

2015年1月，习近平总书记在云南考察工作时强调，要把生态环境保护放在更加突出位置，像保护眼睛一样保护生态环境，像对待生命一样对待生态环境，在生态环境保护上一定要算大账、算长远账、算整体账、算综合账，提出坚决打好扶贫开发攻坚战、实施生态综合补偿、加快民族地区经济社会发展的要求。2015年11月27日，李克强总理在贵阳考察时提出，要将生态保护和精准扶贫相结合，把生态保护补偿资金、国家重大生态工程项目和资金按照精准扶贫、精准脱贫的要求向贫困地区倾斜，向建档立卡贫困人口倾斜。2016年国务院办公厅发布的《关于健全生态保护补偿机制的意见》在完善重点生态区域补偿机制方面，明确要求统筹各类补偿资金，探索综合性补偿办法，并指出由国家发展改革委、财政部会同环境保护部、国土资源部、住房和城乡建设部、水利部、农业部、国家林业局与国务院扶贫办负责该项任务。2019 年 11 月，国家发展和改革委正式发布的《生态综合补偿试点方案》(发改振兴〔2019〕1793 号)，决定开展生态综合补偿试点，进一步健全生态保护补偿机制；并将在安徽、福建、江西、云南和青海等 10 个省份选择 50 个试点县，开展生态综合补偿工作。这是国家首次在顶层设计层面，以专门性文件明确提出要开展生态综合补偿，为生态综合补偿工作明确了方向和具体任务。

《生态综合补偿试点方案》印发以来，安徽、福建、江西、海南、四川、贵州、云南、西藏、甘肃、青海等省（区）根据实际情况，确定了生态综合补偿试点县（市）名单（表 3-1），各省发展改革委也在组织生态综合补偿试点县结合本地实际编制实施方案，指导各地系统梳理和总结现阶段生态补偿资金的使用情况和问题，按照因地制宜、有所侧重的原则，确定本地试点任务重点，研究提出创新生态补偿方式的主要思路和政策措施，明确开展生态综合补偿试点的主要目标和重点工作。

表 3-1　生态综合补偿试点县（市）名单

序号	省份	试点县（市）
1	安徽	六安市金寨县、池州市石台县、安庆市岳西县、黄山市歙县、黄山市休宁县
2	福建	三明市泰宁县、南平市武夷山市、宁德市寿宁县、福州市永泰县、漳州市华安县
3	江西	赣州市石城县、吉安市井冈山市、抚州市资溪县、宜春市铜鼓县、上饶市资源县
4	海南	五指山市、昌江县、琼中县、保亭县、白沙县
5	四川	阿坝州汶川县、阿坝州若尔盖县、阿坝州红原县、甘孜州白玉县、甘孜州色达县
6	贵州	遵义市赤水市、铜仁市江口县、黔南州荔波县、毕节市威宁县、黔东南州雷山县

序号	省份	试点县（市）
7	云南	迪庆州香格里拉市、迪庆州维西县、怒江州贡山县、大理州剑川县、丽江市玉龙县
8	西藏	日喀则市定日县、山南市隆子县、昌都市类乌齐县、那曲市嘉黎县、阿里地区札达县
9	甘肃	甘南州玛曲县、甘南州迭部县、甘南州卓尼县、张掖市肃南县、武威市天祝县
10	青海	果洛州玛沁县、玉树州玉树市、黄南州泽库县、海北州祁连县、海西州天峻县

3.1.2 地方探索开展生态综合补偿

各地也在积极探索开展生态综合补偿，江苏、海南、浙江、福建、江西、广东、山东 7 个省份出台了与生态综合补偿相关的政策文件，从各地实践来看，在补偿范围、资金来源、资金分配方式、资金用途和绩效考核方式等方面都不尽相同（表 3-2）。

表 3-2 已经出台的与生态综合补偿相关的政策文件

序号	省份	文件名	文号
1	江苏	《江苏省生态补偿转移支付暂行办法》	苏政办发〔2013〕193 号
2	海南	《海南省非国家重点生态功能区转移支付市县生态转移支付办法》	琼府办〔2015〕113 号
3	浙江	《关于建立健全绿色发展财政奖补机制的若干意见》	浙政办发〔2017〕102 号
4	福建	《福建省综合性生态保护补偿试行方案》	闽政办〔2018〕19 号
5	江西	《江西省流域生态补偿办法》	赣府发〔2018〕9 号
6	广东	《广东省生态保护区财政补偿转移支付办法》	粤财预〔2019〕78 号
7	山东	《建立健全生态文明建设财政奖补机制实施方案》	鲁政办字〔2019〕44 号

从补偿范围来看，江苏省、广东省将生态保护红线区域列入测算范围；海南省将尚未被纳入国家重点生态功能区转移支付范围的市县纳入测算范围；福建省和广东省充分考虑了省级主体功能区规划，将重点生态功能区所属的县（市、区）纳入范围；江西省将省境内重点流域纳入范围；此外，广东省还考虑了省内北部生态发展区及适用于北部生态发展区政策的县（市、区）的特殊区域；浙江和山东两省有关政策的实施范围为全省。

从补偿资金来源来看，江苏省、福建省、江西省整合了已有资金，江苏省、福建省整合了相关专项资金，江西省在整合国家重点生态功能区转移支付资金和省级专项资金基础上，充分募集来自社会、市场等的资金；广东省补偿资金来源是中央财政和省财政的预算安排；浙江省、山东省补偿资金主要来自省财政和各市、县（市、区）主要污染物排放的财政收费；江苏省和海南省补偿资金主要来自省财政。

从资金分配方式来看，江苏省、海南省、浙江省、福建省、山东省补偿资金分为补助和奖励两部分，山东省还建立了扣减资金机制；江西省、广东省补偿资金主要以补助资金为主。

从资金用途来看，江苏省补偿资金全部用于生态红线区域；海南省、江西省、广东省补偿资金主要用于生态环境保护和民生方面；浙江省补偿资金主要用于生态保护和绿色产业发展；福建省、山东省补偿资金使用较为灵活，各市县可根据当地环保工作实际情况统筹使用。

从绩效考核方式来看，江苏省、江西省、广东省、山东省由各级、各有关部门向省财政厅报送相关材料，省财政厅等有关部门开展相关绩效评价工作；福建省、海南省针对考核明确了具体考核指标或公式。

3.2 重点生态功能区生态补偿制度不断完善

3.2.1 国家重点生态功能区转移支付政策逐渐成熟

从2008年起，我国就在中央对地方的均衡性转移支付下增设了重点生态功能区转移支付，在不减少原有转移支付的基础上，进一步提高重点生态功能区的均衡性转移支付系数，用以维护国家生态安全，引导地方政府加强生态环境保护，并提高重点生态功能区地方政府的基本公共服务保障能力。自2009年财政部出台《国家重点生态功能区转移支付（试点）办法》之后，财政部多次对转移支付分配公式进行修改与完善，补偿方向由对成本的单一输血型补偿逐渐向提高当地发展能力的造血型补偿转变。国家关于重点生态功能区转移支付的政策如表3-3所示。

表3-3 重点生态功能区转移支付政策

政策	年份	政策范围	分配标准
《国家重点生态功能区转移支付（试点）办法》	2009	—	主要考虑地方标准财政收支缺口
《国家重点生态功能区转移支付办法》	2011	增加了“禁止开发区补助”“省级引导性补助”	用于补偿被禁止开发后失去的机会成本和引导地方政府积极进行生态保护
《2012年中央对地方国家重点生态功能区转移支付办法》	2012	增加了“生态文明示范工程试点工作经费补助”	针对生态环境保护建设开展的专项活动
《2016年中央对地方重点生态功能区转移支付办法》	2016	提出向国家自然保护区和国家森林公园两类禁止开发区倾斜	增加了将聘用贫困人口转为生态保护人员的增支情况等因素

政策	年份	政策范围	分配标准
《中央对地方重点生态功能区转移支付办法》	2017	—	将生态护林员补助的地位进一步提高，由原来的转移支付测算的重要因素调整为一项单独的核算内容
《中央对地方重点生态功能区转移支付办法》	2018	增加长江经济带沿线省市、“三区三州”等深度贫困地区	—
《中央对地方重点生态功能区转移支付办法》	2019	增加限制开发的国家重点生态功能区所属林业局，对雄安新区及白洋淀周边区县单列	—

3.2.2 各地在相关文件中明确重点生态功能区生态补偿方向

在国家政策文件密集发布的指引下，地方政府积极响应，许多省份结合区域特点，制定了本省份的生态补偿实施意见，在完善重点生态区域补偿机制方面，提出了相关政策措施和创新机制（表 3-4）。

表 3-4 部分省（市、区）重点生态功能区生态补偿政策

文件	文号	涉及重点生态功能区的生态补偿政策措施
《广东省人民政府办公厅关于健全生态保护补偿机制的实施意见》	粤府办〔2016〕135 号	健全对重点生态功能区的生态保护补偿政策。将南岭山地森林及生物多样性生态功能区作为开展生态保护补偿的重点区域。加大对属于重点生态功能区的原中央苏区的生态保护补偿力度。实施奖补结合的重点生态功能区转移支付机制，通过提高系数等方式，逐步增加对重点生态功能区的转移支付，并将重点生态功能区、禁止开发区等重要区域列入生态环境损害赔偿制度改革试点

文件	文号	涉及重点生态功能区的生态补偿政策措施
《山西省人民政府办公厅关于健全生态保护补偿机制的实施意见》	晋政办发〔2016〕172 号	在重点生态功能区及其他环境敏感区、脆弱区划定并严守生态保护红线，开展红线管控配套制度研究。加大对吕梁山水源涵养及水土保持生态功能区、中条山水源涵养及水土保持生态功能区、五台山水源涵养生态功能区、太行山南部和太岳山水源涵养与生物多样性保护生态功能区等省级重点生态功能区的支持保护力度。完善重点生态功能区、全省重要水功能区、跨界流域断面水量水质重点监控点位布局和自动监测网络，建立和完善监测评估指标体系
《福建省人民政府关于健全生态保护补偿机制的实施意见》	闽政〔2016〕61 号	切实加大对限制开发区域、禁止开发区域，特别是重点生态功能区的财力支持力度。积极争取闽江、九龙江、汀江源头和以武夷山—玳瑁山山脉为核心的区域内有关县（市）调整纳入国家重点生态功能区，享受中央财政转移支付政策。建立省级生态保护补偿资金投入机制，通过提高均衡性转移支付系数等方式，逐步增加对重点生态功能区的转移支付。省级预算内投资对重点生态功能区内的基础设施和基本公共服务设施建设予以倾斜支持
《江西省人民政府办公厅关于健全生态保护补偿机制的实施意见》	赣府厅发〔2017〕30 号	加强重点生态功能区监测能力建设，建立环保、水利、国土资源等部门协调机制，构建统一规范、布局合理、覆盖全面的生态环境监测网络。加大对罗霄山集中连片特困地区、“五河一湖”及东江源头地区的生态补偿资金扶持力度，加大重点生态功能区转移支付力度
《甘肃省贯彻落实〈国务院办公厅关于健全生态保护补偿机制的意见〉实施意见》	甘政办发〔2017〕127 号	积极争取中央财政逐步加大对省重点生态功能区的转移支付力度，争取中央预算内投资对省重点功能区内的基础设施和基本公共服务设施建设予以倾斜。逐步对湿地、草原等生态系统和重点生态功能区进行补偿，逐步建立功能齐全、体系完善的生态补偿机制
《湖南省人民政府办公厅关于健全生态保护补偿机制的实施意见》	湘政办发〔2017〕40 号	积极争取中央财政逐步加大对省重点生态功能区的转移支付和中央预算内投资对省重点生态功能区基础设施和基本公共服务设施建设的支持力度。进一步完善省以下转移支付制度，加大对重点生态功能区域的支持力度。加强森林、耕地、湿地、水、空气、生态保护红线和重点生态功能区监测能力建设

文件	文号	涉及重点生态功能区的生态补偿政策措施
《自治区人民政府办公厅关于建立生态保护补偿机制推进自治区空间规划实施的指导意见》	宁政办发〔2017〕118号	整合中央和自治区生态保护资金，加大对重点生态功能区的支持力度。各市县（区）财政也要统筹资金，加大生态保护补偿支持力度。强化生态环境质量综合考核，细化、完善重点生态功能区转移支付资金管理办法，建立资金分配与考核结果挂钩机制。根据不同功能区定位，建立科学的生态保护补偿标准体系
《北京市人民政府办公厅关于健全生态保护补偿机制的实施意见》	京政办发〔2018〕16号	完善生态涵养区综合化生态保护补偿相关政策。健全转移支付制度，重点支持生态涵养区水资源保护、生态保育、污染治理、山区危村险村搬迁安置、基础设施与基本公共服务提升等方面工作，切实改善生态涵养区，尤其是山区村镇生产、生活条件
《省人民政府办公厅关于建立健全生态保护补偿机制的实施意见》	鄂政办发〔2018〕1号	省有关部门要进一步调整优化财政支出结构，加大对各重要生态区域生态保护补偿的支持力度，加快提高各类重要生态区域基本公共服务的保障水平

3.3 生态保护红线生态补偿制度逐步推进

3.3.1 国家明确开展生态保护红线生态补偿

生态保护红线生态补偿日益受到关注。生态保护红线是指生态空间范围内具有特殊重要生态功能、必须强制性严格保护的区域，是保障和维护国家生态安全的底线和生命线。2016年11月1日，中央全面深化改革领导小组第二十九次会议审议通过《关于划定并严守生态保护红线的若干意见》，会议强调，划定并严守生态保护红线，要按照山水林田湖系统保护的思路，实现一条红线管控重要生态空间，形成生态保护红线全国“一张图”。要统筹考虑自然生态整体性和系统性，开展科学评估，按生态功能重要性、生态环境敏感性及脆弱性划定生态保护红线，并将生态保护红线作为编制空间规划的基础，明确管理责任，强化用途管制，加强生态保护和修复，加强监测监管，确保生态功能不弱化、面积不减少、性质不改变。2017 年 2 月 7 日，中共中央办公厅、国务院办公厅发布的《关于划定并严守生态保护红线的若干意见》（厅字〔2017〕2 号）明确，到 2020 年年底前，全面完成全国生态保护红线划定、勘界定标，基本建立生态保护红线制度的目标任务。这是我国首次专门以中央文件形式对生态保护红线从划定到严守进行全面战略部署。文件也明确指出，加大对生态保护红线的支持力度，加快健全生态保护补偿制度，完善国家重点生态功能区转移支付政策；推动生态保护红线所在地区和受益地区探索建立横向生态保护补偿机制，共同分担生态保护任务。但由于生态保护红线尚处于探索阶段，且其具有跨领域、跨部门、范围广的特点，目前国家生态保护红线生态补偿尚处于前期研究阶段。国家制定的与生态保护红线相关的政策文件如表 3-5 所示。

表 3-5　与生态保护红线相关的政策文件

政策	时间	文号	涉及生态保护红线的政策措施
《国务院关于加强环境保护重点工作的意见》	2011 年 10 月	国发〔2011〕35 号	在重要生态功能区，陆地和海洋生态环境敏感区、脆弱区等区域划定生态红线
《国务院关于印发国家环境保护“十二五”规划的通知》	2011 年 12 月	国发〔2011〕42 号	在重点生态功能区，陆地和海洋生态环境敏感区、脆弱区等区域划定“生态红线”
《中共中央关于全面深化改革若干重大问题的决定》	2013 年 11 月		划定生态保护红线，将划定生态保护红线提升为国家战略

政策	时间	文号	涉及生态保护红线的政策措施
《国家生态保护红线—生态功能红线划定技术指南（试行）》	2014 年 1 月	环发〔2014〕10 号	成为我国首个生态保护红线划定的纲领性技术指导文件
《中华人民共和国环境保护法》	2015 年 1 月		国家在重点生态功能区、生态环境敏感区和脆弱区等区域划定生态保护红线，实行严格保护
《中华人民共和国国家安全法》	2015 年 7 月		国家完善生态环境保护制度体系，加大生态建设和环境保护力度，划定生态保护红线
《关于加快推进生态文明建设的意见》	2015 年 4 月	中发〔2015〕12 号	在重点生态功能区、生态环境敏感区和脆弱区等区域划定生态红线，确保生态功能不降低、面积不减少、性质不改变
《生态文明体制改革总体方案》	2015 年 9 月	中发〔2015〕25 号	严禁任意改变用途，防止不合理开发建设活动对生态红线的破坏
《中华人民共和国国民经济和社会发展第十三个五年规划纲要》	2016 年 3 月		落实生态空间用途管制，划定并严守生态保护红线，确保生态功能不降低、面积不减少、性质不改变
《关于划定并严守生态保护红线的若干意见》	2017 年 2 月 7 日	厅字〔2017〕2 号	划定并严守生态保护红线，要按照山水林田湖系统保护的思路，实现一条红线管控重要生态空间，形成生态保护红线全国“一张图”

3.3.2 地方积极响应生态保护红线生态补偿政策

一些省份通过制定与生态保护红线相关的政策，明确开展生态补偿（表 3-6）。在实践方面，江苏、广西等地也探索形成了多种模式。江苏省先行先试，在全国首创生态保护红线生态补偿机制，按照生态保护红线区域的级别、类型、面积以及地区财政保障能力等因素确定补偿资金。根据《江苏省生态保护红线区域保护规划》，溧阳市 10 个生态保护红线区域总面积达 405.1 km^2，占全市国土面积的 26.4%，2013 年溧阳市共获得省级生态补偿转移支付资金 1 734 万元。广西壮族自治区政府自实施生态功能区转移支付以来，转移支付资金逐年增加，从 2009 年的 5.48 亿元增至 2015 年的 15.99 亿元。

表 3-6　各地生态保护红线生态补偿政策一览表

省份	文件名称	时间	关于生态补偿的条款
青海省	《青海省生态保护红线划定和管理工作方案》	2017 年	二（七）加大生态保护补偿力度。在现有国家重点生态功能区转移支付政策的基础上，加大对生态保护红线的支持力度，加快健全生态保护补偿机制
浙江省	《关于全面落实划定并严守生态保护红线的实施意见》	2017 年	四（十一）加快健全自然资源有偿使用和生态保护补偿等制度，推动生态保护红线所在地区和受益地区建立横向生态保护补偿机制，共同分担生态保护任务。完善财政转移支付制度，加大对生态保护红线区公共服务和生态补偿的支持力度
湖南省	《湖南省生态保护红线》	2018 年	三（四）加大生态保护补偿力度。健全生态保护补偿制度，进一步完善国家重点生态功能区转移支付政策，推动生态保护红线所在地区和受益地区探索建立横向生态保护补偿机制，共同承担生态保护任务。省财政厅应会同有关部门加大对生态保护红线的支持力度，完善生态保护补偿制度，在国家现有政策的基础上，整合各类生态保护与建设资金，发挥资金合力，加大对生态保护红线区的资金投入。研究市场化、社会化资金筹措途径，吸纳社会资本投入生态保护红线的保护与修复

省份	文件名称	时间	关于生态补偿的条款
黑龙江省	《黑龙江省贯彻落实〈关于划定并严守生态保护红线的若干意见〉的实施意见》	2017 年	三（九）加大生态红线生态保护补偿。将实施生态保护红线保护与修复，作为山水林田湖生态保护和修复工程的重要内容。以县级行政区为基本单元建立生态保护红线台账系统，制定实施生态系统保护与修复方案。优先保护良好生态系统和重要物种栖息地，开展生态保护与修复示范，加大全省森林生态屏障、重要湿地为主体的生态保护与修复力度。着力保护好大小兴安岭、长白山山地、三江平原湿地、松嫩平原湿地以及黑瞎子岛、兴凯湖、镜泊湖等重要生态功能区和自然保护区生态资源；开展湿地自然保护区和湿地公园建设，增强湿地自我修复能力，推进沿江自然保护区生态修复工程；加强东北虎豹国家公园及中俄跨界自然保护区和生物多样性建设，保护好野生东北虎豹种群。完善生态保护补偿政策，在现有国家重点生态功能区转移支付政策的基础上，加强对生态保护红线生态保护补偿的支持力度。推动生态保护红线所在地区和受益地区探索建立横向生态保护补偿机制
黑龙江省	《黑河市贯彻落实〈关于划定并严守生态保护红线的若干意见〉的实施意见》	2017 年	三（三）加强生态保护与修复，加大生态红线生态保护补偿
河北省	《关于划定并严守生态保护红线的实施意见》	2017 年	三（七）加大生态补偿力度。认真贯彻落实我省关于健全生态保护补偿机制的工作部署，省发展改革委、省财政厅会同省有关部门研究制定河北省生态保护红线区补偿制度，建立完善生态保护补偿的激励和约束机制。积极争取国家重点生态功能区转移支付支持力度。推动生态保护红线所在地区和受益地区探索建立横向生态保护补偿机制，共同分担生态保护任务

省份	文件名称	时间	关于生态补偿的条款
山西省	《山西省落实〈关于划定并严守生态保护红线的若干意见〉工作方案》	2017 年	二、14.实施生态保护红线生态保护补偿。落实省政府办公厅《关于健全生态保护补偿机制的实施意见》（晋政办发〔2016〕172 号），逐步健全生态保护补偿制度，完善生态保护红线生态补偿政策，加大对生态保护红线的支持力度，探索建立生态保护红线所在地区和受益地区横向生态保护补偿机制
四川省	《四川省生态保护红线方案》	2018 年	五（六）加大生态保护补偿力度。财政厅会同有关部门加大对生态保护红线的支持力度，加快健全生态保护补偿制度，完善重点生态功能区转移支付政策，探索建立横向生态保护补偿机制。在国家现有政策基础上，整合各类生态保护与建设资金，加大对生态保护红线区域的资金投入
内蒙古自治区	《关于划定并严守生态保护红线的工作方案》	2017 年	四（七）加强生态保护与修复。健全生态保护补偿制度，加大生态保护补偿力度，实施山水林田湖生态保护和修复工程。（自治区财政厅、发展改革委、国土资源厅、林业厅、环保厅、农牧业厅、水利厅牵头，各盟市配合）

专栏 3-1　江苏省生态保护红线相关政策进展情况

江苏省是我国首个出台生态保护红线生态补偿政策的省份。2013 年 9 月，江苏省政府出台《江苏省生态保护红线区域保护规划》，按照“保护优先、合理布局、控管结合、分级保护、相对稳定”的原则，全省共划定 15 类（自然保护区、风景名胜区、森林公园、地质遗迹保护区、湿地公园、饮用水水源保护区、海洋特别保护区、洪水调蓄区、重要水源涵养区、重要渔业水域、重要湿地、清水通道维护区、生态公益林、太湖重要保护区、特殊物种保护区）共 779 块生态保护红线区域，总面积 24 103.49 km^2。其中，陆域生态保护红线区域总面积 22 839.58 km^2，占全省国土面积的22.23%；海域生态保护红线区域面积1 263.91 km^2。生态保护红线区域实行严格的分级管理，分为一级管控区和二级管控区。对一级管控区实行最严格的管控措施，严禁一切形式的开发建设活动；对二级管控区实行有差别的管控措施，严禁有损主导生态功能的开发建设活动。

2014年1月，江苏省政府办公厅印发的《江苏省生态补偿转移支付暂行办法》，规定重点生态红线保护区将获得近10亿元的生态补偿资金。生态补偿具体分为补助和奖励两个部分，其中补助是主要部分，补偿机制将突出“谁保护、谁受益”“谁贡献大、谁得益多”的导向，对一级管控区给予重点补助，对二级管控区给予适当补助。2018年，江苏省政府印发《江苏省国家级生态保护红线规划》，并将按照“谁保护的多，谁保护得好，谁保护的重要，谁多受益”的原则，修订省级生态管控办法，完善生态补偿机制。

3.4 地方探索开展自然保护区生态补偿

各地陆续出台自然保护区生态补偿政策。自国务院办公厅印发的《关于健全生态保护补偿机制的意见》（国办发〔2016〕31号）提出要“健全国家级自然保护区、世界文化自然遗产、国家级风景名胜区、国家森林公园和国家地质公园等各类禁止开发区域的生态保护补偿政策”以后，云南、山西、贵州、西藏、广西等14个省（区、市）在省级层面的关于健全生态保护补偿机制的实施意见中对自然保护区生态补偿未来发展方向进行了明确规划，为辖内各级政府探索实施自然保护区生态补偿提供了根本的制度遵循。从补偿范围来看，云南、天津、甘肃、新疆4个省（区、市）的补偿范围为国家级自然保护区，山西省的补偿范围为省级自然保护区，西藏、湖南、湖北3个省（区）的补偿范围为省级以上自然保护区，贵州、广西、宁夏、陕西、海南、青海 6 个省（区）的补偿范围则为各类自然保护区。特别需要指出的是，海南省明确提出自然保护区生态补偿重点用于自然资源保护和生态环境修复、科学研究、生态环境监管能力建设等。从补偿方式来看，贵州和青海两省提出要制定自然保护区综合性生态保护补偿政策。此外，部分省份根据国家和本省建立生态补偿制度的有关要求，发布了自然保护区生态补偿的专门办法或配套政策，补偿政策类型较为多元，黑龙江、内蒙古、陕西、甘肃、重庆 5 个省（区、市）重点聚焦自然保护区矿业权分类退出补偿机制，青海、湖北两省自然保护区生态补偿政策集中于自然保护区建设和管理工作，贵州省以生态补偿脱贫为手段优先安排省级及以上自然保护区贫困人口易地搬迁，只有山东省制定了自然保护区生态补偿的专门办法（表 3-7）。

表 3-7　部分省（区、市）自然保护区生态补偿相关政策

时间	省（区、市）	政策	涉及自然保护区生态补偿的政策措施
2016 年 9 月	山东	《山东省省级以上自然保护区生态补偿办法（试行）》（鲁环发〔2016〕175 号）	通过一般性转移支付方式，对符合条件的省级及以上自然保护区实施生态补偿。生态补偿资金主要用于自然保护区的能力建设、巡护和监测、生态保护工程等方面
2017 年 7 月	青海	《关于进一步加强自然保护区建设管理工作的通知》（青政办〔2017〕117 号）	积极争取国家自然保护区建设管理资金项目的倾斜支持，积极探索利用开发性和政策性金融推动自然保护区基础设施建设的投融资模式。加快建立完善自然保护区草原管护、森林管护、湿地管护等生态管护员制度，积极探索自然保护区生态补偿机制，鼓励社会参与，扩大自然保护区社会投入渠道
2017 年 8 月	内蒙古	《内蒙古自治区自然保护区内工矿企业退出方案》（内政发电〔2017〕28 号）	各盟行政公署、市人民政府要根据国家、自治区有关政策制定本地区自然保护区内合法的工矿企业退出补偿办法，由旗、县（市、区）人民政府对符合补偿退出的企业组织实施补偿

时间	省（区、市）	政策	涉及自然保护区生态补偿的政策措施
2017 年 9 月	陕西	《陕西省自然保护区生态环境整治工作方案》（陕政发〔2017〕39 号）	各国家级自然保护区要在编制或更新总体规划的基础上，抓紧完成项目可行性研究报告、实施方案和年度能力建设项目申请编制工作，积极开展项目储备，争取中央专项资金支持。加大地方各级财政对自然保护区的支持力度，将自然保护区资源纳入生态效益补偿范围
2017 年 12 月	甘肃	《甘肃祁连山国家级自然保护区矿业权分类退出办法》（甘政办发〔2017〕194 号）	注销、扣除方式退出之外的探矿权、采矿权，2018 年 12 月底前以补偿方式退出。按照自愿协商、合法约定优先原则，由县级人民政府依据调查核实的勘查开采和履行义务等情况，与矿业权人充分协商，确定补偿金额，签订补偿协议
2018 年 1 月	贵州	《贵州省生态扶贫实施方案（2017—2020 年）》（黔府办发〔2018〕1 号）	将省级及以上自然保护区核心区、缓冲区和实验区内自愿搬迁的贫困人口优先纳入我省新增易地扶贫搬迁工作计划，从根本上减少对自然生态的破坏，并按照标准对移民对象进行生态补偿，促进脱贫
2018 年 4 月	重庆	《2018 年自然保护区和“四山”管制区矿业权退出工作方案》（渝府办发〔2018〕43 号）	整体退出的探矿权由市级财政资金补偿。属市级审批发证的采矿权关闭退出的，由市、区（县）分别给予补偿
2018 年 6 月	黑龙江	《黑龙江省各类自然保护区内矿业权退出及处置方案》（黑政办规〔2018〕31 号）	建立健全矿业权退出补偿机制，依法分类处置，力争用 3 年左右时间，实现全省自然保护区内矿业权全面稳妥退出，确保今后新设矿业权不再进入自然保护区
2018 年 8 月	湖北	《关于进一步加强全省自然保护区建设和管理工作的通知》（鄂政办发〔2018〕51 号）	省发展改革委、省财政厅会同省相关部门按照《省政府办公厅关于建立健全生态保护补偿机制的实施意见》要求，进一步完善生态补偿机制。省环保厅会同自然保护区行政主管部门定期组织开展自然保护区管理评估，评估结果将作为生态补偿依据之一

4

市场化、多元化生态补偿取得积极进展

4.1 政府有序推进环境资源产权交易

环境资源产权本质上是发展权的问题，开展环境资源产权交易实际上是生态受益地区对生态保护地区放弃发展权给予的合理补偿，主要形式有排污权、水权、碳排放权等交易。目前环境资源产权交易还处于市场发挥作用的起步阶段，政府在环境资源产权交易市场中发挥主导作用，市场尚未发挥决定性作用。

4.1.1 有序推进全国排污权交易试点

排污权交易具有补偿性功能，补偿性排污权交易能够成为生态补偿机制的重要形式。开展排污权交易时生态保护地区放弃的排污剩余指标，就是放弃的发展权，生态受益地区应当给予合理补偿。

全国排污权有偿使用和交易试点已经取得阶段性成效。2014 年 8 月 6 日，国务院办公厅发布的《关于进一步推进排污权有偿使用和交易试点工作的指导意见》（国办发〔2014〕38 号）要求，到 2017 年，试点地区排污权有偿使用和交易制度基本建立，试点工作基本完成。目前，全国已有28个省（区、市）开展了试点，其中由生态环境部会同财政部、发展改革委批复的省（区、市）和地市有 12 个，包括江苏、浙江、天津、湖北、湖南、山西、内蒙古、重庆、河北、陕西、河南11个省（区、市）及青岛市。

各地出台了地方规范性文件，在排污权有偿使用和交易推进的制度建设、平台搭建、政策创新等方面开展了大量实践，配套建设了相关的机构和平台，实行了初始排污确权，部分地区实行了排污权有偿使用。试点推进过程中还涌现了刷卡排污、排污权抵押贷款等创新做法，江苏、浙江、山西、河北、陕西等省份实行了刷卡排污管理，浙江、湖南、重庆、河北、山西、内蒙古、陕西等省（区、市）实行了排污权抵押贷款，河南、陕西两省实行了总量预算管理及总量控制指标前置，湖北省建立健全了网格化环境监督体系，湖南省开展了使用环保专项资金实施排污权储备、实行“以购代补”的污染治理资金下达模式等多项政策创新，重庆市建立了排污交易稽核制度等。截至 2018 年 8 月，开展试点的地区征收排污权有偿使用费累计约 117.7 亿元，其中，浙江省、江苏省等 9 个国家批复试点地区（天津市、山西省未开展排污权有偿使用，河北省未上报具体数据）约征收使用费 109.7 亿元；开展试点的地区排污权累计交易金额约 72.3 亿元，其中，浙江省、江苏省等 7 个国家批复试点地区（天津、内蒙古、河南、湖北及青岛等地未开展排污权交易）共完成交易总金额约 62.1 亿元。

专栏 4-1　排污权交易的地方实践

1. 江苏省。2017 年 8 月，江苏省政府印发的《江苏省排污权有偿使用和交易管理暂行办法》，明确化学需氧量、氨氮、总磷、总氮、二氧化硫、氮氧化物、挥发性有机物等主要污染物排污权实行有偿使用和交易，并根据环境质量改善要求和排污单位承受能力，对现有排污单位逐步实行排污权有偿使用，新建、改建、扩建项目新增排污权。

2. 浙江省。2009 年 3 月，浙江省正式启动排污权有偿使用和交易试点工作，挂牌成立了浙江省排污权交易中心。浙江省已初步构建完成排污权有偿使用和交易的政策法规体系，省级层面已正式出台的排污权有偿使用和交易政策、技术文件达 19 个，各试点市、县已出台的政策、技术文件达 103 个。省级层面的政策文件主要包括明确试点方向的《关于开展排污权有偿使用和交易试点工作的指导意见》，指导实际操作的《浙江省排污许可证管理暂行办法》《浙江省排污权有偿使用和交易试点工作暂行办法》及其实施细则等。

3. 湖南省。2014 年 1 月，湖南省人民政府印发了《湖南省主要污染物排污权有偿使用和交易管理办法》（湘政发〔2014〕4 号）；2015 年 11 月，湖南省环境保护厅印发了《湖南省主要污染物排污权有偿使用和交易实施细则》。2017 年 10 月 24 日，首份《湖南省主要污染物排污权进场交易证明书》（湘资排 2017-001 号）由省公共资源交易中心发出，拉开了湖南排污权项目全面纳入公共资源交易平台的序幕。

4. 湖北省。2015 年 7 月，湖北省环境保护厅印发了《湖北省主要污染物排污权交易办法实施细则》（鄂环办〔2014〕277 号），2017 年又印发了《湖北省主要污染物排污权有偿使用和交易工作实施方案（2017—2020 年）》（鄂环发〔2017〕19 号），决定在咸宁市先行开展排污权有偿使用试点工作，涉及造纸、火电、钢铁、水泥、平板玻璃、石化、有色金属、焦化、氮肥、印染、原料药制造、制革、电镀、农药、农副食品加工 15 个重点行业。

5. 重庆市。重庆市环境保护局于 2017 年 12 月印发的《重庆市工业企业排污权有偿使用和交易工作实施细则》（渝环〔2017〕249 号），明确排污权交易主要涉及化学需氧量、氨氮、二氧化硫、氮氧化物的排污权，由重庆市主要污染物排放权交易管理中心进行管理，依托重庆资源与环境交易中心进行排污权登记及交易。

6．山西省。2017 年 1 月，山西省印发的《关于主要污染物排污权交易价格及有关事项的通知》，明确主要污染物排污权交易基准价采取“一次性补偿”办法分类核定，交易基准价格仍维持现行价格水平不变，二氧化硫 18 000 元/t，氮氧化物 19 000 元/t，化学需氧量 29 000 元/t，氨氮 30 000 元/t，工业粉尘 5 900 元/t，烟尘 6 000 元/t。排污权交易价格不得低于排污权交易基准价，主要污染物排污权交易手续费标准另行制定。

7．新疆维吾尔自治区。2017 年 4 月，新疆维吾尔自治区发改委、财政厅联合印发的《关于排污权使用费征收标准和排污权交易基准价等有关事宜的通知》，正式确定自治区主要污染物排污权有偿使用费征收标准和交易基准价。

8．海南省。2017 年 11 月，海南省人民政府印发的《海南省主要污染物排污权有偿使用和交易管理办法》，通过价格导向促进环境资源的有效配置，规定排污单位有 5 类情形之一的不得参与排污权交易，“被列入生态保护红线区等环评限批范围内的”为其中一种情形。

9．宜昌市。2017 年 4 月，宜昌市环境保护局印发的《宜昌市 2017 年排污权有偿使用和交易工作方案》和《宜昌市排污许可制改革实施方案（2017—2020 年）》，进一步加快了全市排污权有偿使用和交易试点工作，以及排污许可制改革工作。

10．秦皇岛市。2017 年 8 月，秦皇岛市环境保护局印发的《秦皇岛市排污权交易办理指南》，明确主要污染物排放权交易基准价格为化学需氧量 4 000 元/t、二氧化硫 5 000 元/t、氮氧化物 6 000 元/t、氨氮 8 000 元/t。交易基准价为交易底价，市场成交价不得低于交易基准价。

4.1.2 碳排放权交易正在积极推进

碳排放权交易是一种可配额市场交易，因碳排放权增加而减少的生态产品及服务应当支付补偿资金，对因减少碳排放权牺牲的发展机会和增加的生态产品及服务给予补偿。碳排放权交易作为一种市场机制，能够有效地减少整体减排成本并实现控制温室气体排放的目标，切实促进技术进步和产业结构升级。

2011 年 10 月，国家发展和改革委印发的《关于开展碳排放权交易试点工作的通知》，提出逐步开展碳排放权交易市场试点工作，批准北京、上海、天津、重庆、湖北、广东 6 个省（市）和深圳市开展碳交易试点工作。自试点以来，碳排放权交易市场参与者、交易量不断增加，履约率不断提升，各试点地区在法律保障、行业覆盖范围、配额分配方法等方面根据各地实际情况，设计不同的制度，表现出不同的市场交易活跃度、价格波动性等。

专栏 4-2　碳排放权交易的地方实践

1. 深圳试点。作为首个试点，深圳试点的碳排放权交易以深圳排放权交易所为交易平台。截至 2019 年 12 月 20 日，深圳碳市场配额累计总成交量 2 841.6 万 t，总成交额为 8.76 亿元，CCER（中国核证自愿减排量）总成交量 1 091.2 万 t，总成交额约 1.2 亿元。目前，深圳市碳交易管控单位涉及 11 个行业，达 811 家。

2. 上海试点。上海试点的碳排放权交易以上海环境能源交易所为交易平台。截至 2019 年，上海碳排放权交易市场累计成交总量 8 741 万 t，累计成交金额逾 9 亿元，共有 600 余家企业和机构参与。上海碳排放权交易试点具有“制度明晰、市场规范、管理有序、减排有效”的特点。试点企业实际碳排放总量相比 2013 年启动时减少约 7%。

3. 北京试点。北京试点的碳排放权交易以北京环境交易所为交易平台。自 2013 年 11 月 28 日开市以来，完成配额与 CCER 成交量分别累计约 2 000 万 t，成交额 8.37 亿元，参与交易的各类主体约 1 000 家。北京市是7个试点中交易主体数量最多、类型最丰富的，也是首个实现跨区域交易的试点地区，继2014年年末与河北省承德市首度实现跨区域碳排放权交易后，2016年正式启动京蒙跨区域交易。

4. 广东试点。广东试点的碳排放权交易以广州碳排放权交易所为交易平台。2013年12月19日正式启动交易。截至2017年5月底，累计成交配额5 810.4万t，总成交金额14.15亿元，分别占全国7个试点总成交配额和总成交金额的35.4%和36.9%。

5. 天津试点。天津试点的碳排放权交易以天津排放权交易所为交易平台。2013年12月26日正式启动交易。天津市是唯一同时参与了低碳省区和低碳城市、温室气体排放清单编制及区域碳排放权交易试点的直辖市。

6. 湖北试点。湖北试点的碳排放权交易以湖北碳排放权交易中心为交易平台。自2014年4月2日开市以来，共有236家控排企业、90个机构、6 306名个人，以及合格境外投资者参与，形成了多元主体参与的市场体系。

7. 重庆试点。重庆试点的碳排放权交易以重庆碳排放交易中心为交易平台。2014年6月19日正式启动交易。2017年，重庆碳市场交易活跃，碳排放配额累计交易量800余万t。纳入的控排企业主要集中在电解铝、铁合金、电石、烧碱、水泥、钢铁6个高耗能行业。

此外，作为碳交易机制的一种制度创新，碳普惠制也在各地被积极探索开展，与高排放的重点排放单位通过参与碳交易机制实现低成本减排不同，碳普惠制主要是鼓励公众自愿践行低碳生活、生产，对资源占用少或为低碳社会创建做出贡献的公众和企业予以激励，利用市场配置作用达到公众积极参与节能减排的目标。同时，通过消费端带动生产端实现低碳，通过需求侧促进供给侧技术创新。基本运作方式是依托碳普惠平台，与公共机构数据对接，量化公众通过低碳行为而实现的减碳量，并给予其相应的碳币。公众用碳币可在碳普惠平台上换取商业优惠、兑换公共服务，也可进行碳抵消或进入碳交易市场抵消控排企业碳排放配额。广东省是我国率先试点实施碳普惠制的省份，2017 年，广东省制定出台的《"十三五"控制温室气体排放工作方案》，提出深入开展碳普惠制试点的要求。

4.1.3 水权交易取得了较好进展

水权交易是水市场中各类用水户对用水权进行的交易，即主要交易上下游流域的用水权，下游地区为保证自身生产、生活的需要向上游地区购买一定期限内的，达到生活、生产用水标准的用水数量。开展水权跨区域配置，有助于提升水资源利用效率，降低水资源消耗，保护水生态系统。

最严格水资源管理制度是水权交易发展的外在驱动力。2011 年中央一号文件《中共中央　国务院关于加快水利改革发展的决定》中，正式确立了以"三条红线、四项制度"为主体的最严格水资源管理制度；2012 年 1 月，国务院印发的《关于实行最严格水资源管理制度的意见》（国发〔2012〕3 号），明确了水资源开发利用控制、用水效率控制和水功能区限制纳污"三条红线"；2016 年，水利部和国家发展和改革委联合发布《"十三五"水资源消耗总量和强度双控行动方案》。各地区相继落实最严格水资源管理制度，区域用水总量控制日益严格。最严格水资源管理制度从行政管理角度来规范和约束水权的分配与交易行为，为水权制度建设构建了约束条件和运行环境；在"三条红线"刚性约束下，经济社会发展与用水总量之间矛盾进一步凸显，最严格水资源管理制度从机制上倒逼一些用水总量达到或超过区域总量控制指标、江河水量分配指标的地区和取用水户通过水权交易来满足新增用水需求。在要求实行最严格水资源管理制度的同时，上述文件也明确提出要建立健全水权制度，鼓励开展水权交易，为我国水权制度的建设提供了重要依据和支撑。

各地已积极探索实践了水权交易与制度建设。从 2000 年浙江省义乌市和东阳市进行全国第一宗水权交易以来，我国水权改革实践探索一直在进行中。2002 年，甘肃省张掖市作为全国第一个节水型社会试点，在临泽县梨园河灌区和民乐县洪水河灌区试行了农户水票交易制度。从 2003 年开始，宁夏、内蒙古两个自治区，分别开展了黄河水权转换试点工作。自实行最严格水资源管理制度后，水权改革的广度和深度不断加大。2015 年，水利部在全国选择了河南、宁夏、江西、湖北、内蒙古、甘肃和广东 7 个省（区）开展水权确权和交易试点工作，新疆、河北、陕西、山东、浙江等省（区）也自行开展了水权交易探索。从 2014 年开始，内蒙古自治区实行跨盟（市）水权转让。同年，杭州市开始推进杭州东苕溪流域水权制度改革试点，推进流域内农村集体经济所有的山塘、水库水资源确权登记和水权交易。2015 年 11 月，河南省平顶山市与新密市依托南水北调中线干渠，签订跨流域水量交易意向书。在试点实践中，各地区通过建立一系列制度，明确规定了水量交易的条件、范围、程序、定价机制等。

在搭建水权交易平台方面，我国目前已建立数个不同层级的水权收储或交易中心。2016 年 6 月，中国水权交易所正式挂牌营业，截至 2019 年年底已成交区域水权/取水权交易 88 项，成交水量 28.7 亿 m^3；灌溉用水户水权交易 241 项，成交水量 1 690.2 万 m^3。内蒙古、河南、甘肃、广东、山东等省（区）建立了省级水权交易平台，部分地区设立了县、乡、村水权交易平台。广东省建立了水权交易信息化管理体系，用以完善水资源计量和监测系统。

专栏 4-3 水权交易实践：以东苕溪流域水权制度改革为例

1. 丰水地区优质好水长期属于“沉睡资产”

作为南方丰水地区，浙江省对“区域水权”和“取水户水权”两种类型的水权交易需求相对较少，但农村山塘、水库数量多，水资源综合开发需求较多，如农业用水转为工业用水，水域用于旅游开发、农家乐和宾馆经营等。杭州市临安区是分水江和东苕溪的源头，辖区内有山塘436 座、水库 60 座，水质均在Ⅱ类以上，除部分用于农业灌溉和生活用水外，大部分处于闲置状态，山塘、水库除险加固、安全运行和水质维护的资金缺口问题一直存在。

2. 创新实行山塘、水库水权交易试点

2014 年年初，杭州市启动了东苕溪流域水权制度改革试点，明确了流域内各行政区的初始水权，对流域内农村集体经济所有的山塘、水库水资源进行确权登记。制定农村集体山塘、水库水权交易相关办法，明确确权的主体为村集体，拓展了山塘、水库的权能，水域和水面的使用首次纳入水权交易范围。编制了农村集体经济所有的山塘、水库水资源资产价值评估大纲，完成了水权登记信息系统开发，构建了市级、区级和镇（街）分中心三级交易平台。流域内临安、余杭两地已实现年取水量 1 万 m^3 以上取水计量监控的全覆盖。

3. 盘活水资源，水生态环境保护获得合理回报

通过扩展水权交易范围和类型，东苕溪流域积极引导社会资本投入参与农村水资源开发利用，形成经济社会发展、农民受益、山塘（水库）维护运营有保障的多赢局面，水生态环境的保护者获得了资金补偿。如东天目股份经济合作社所有的梅家坞山塘，经确权测算，水资源使用量为 54.06 万 m^3，因种植结构改变，农业用水量大大减少。村股份经济合作社与临安区农村水务资产经营有限公司达成山塘 25.55 万 m^3 水资源使用权的流转协议，评估单价 0.23 元/m^3，年保底价 5.87 万元，既解决了该公司联村供水水源问题，又增加了村集体经济收入，盘活了山塘闲置水资源，弥补了山塘管护资金缺口。

4.2 面向区域合作创新补偿机制与路径

2018 年 11 月，中共中央、国务院印发的《关于建立更加有效的区域协调发展新机制的意见》，强调健全区际利益补偿机制，明确要贯彻“绿水青山就是金山银山”的重要理念和“山水林田湖草是生命共同体”的系统思想，按照区际公平、权责对等、试点先行、分步推进的原则，不断完善横向生态补偿机制。鼓励生态受益地区与生态保护地区、流域下游与流域上游通过资金补偿、对口协作、产业转移、人才培训、共建园区等方式建立横向补偿关系。支持在具备重要饮用水功能及生态服务价值、受益主体明确、上下游补偿意愿强烈的跨省流域开展省际横向生态补偿。2019 年 12 月，中共中央、国务院印发的《长江三角洲区域一体化发展规划纲要》，提出完善跨流域、跨区域生态补偿机制。实施区域协调发展战略是新时代国家重大战略之一，面向区域合作的补偿机制是实现区域协调的重要方式之一。

面向区域合作的补偿机制是一种“造血型”补偿方式，通过将补偿资金转化为技术或产业项目，形成造血机能与自我发展机制，使外部补偿转化为自我积累能力和自我发展能力。目前各地实践中比较成熟的做法有园区合作（异地开发）、对口协作、设立生态岗位等。浙江金华与磐安的园区合作是最早的园区合作探索，之后，浙江省绍兴市也探索了类似做法，由环境容量资源相对丰富地区向环境敏感地区提供发展空间，建立“异地开发生态补偿试验区”，促进生产力合理布局，进一步增强环境敏感地区发展动能。南水北调中线工程受水区的北京市、天津市通过对口协作对丹江口库区及上游地区的湖北、河南、陕西等省份进行补偿。青海省在国家草原生态保护奖补配套资金的基础上，率先在三江源探索草原生态管护公益岗位试点，每 2 000 hm^2 设置

1 名草原管护员，全省新增草原生态管护员 13 894 名。四川省阿坝州和成都市通过双方协商，在成都市郊区共同建设成阿工业园区，阿坝州把现有工业企业迁入成阿工业园区，州内集中发展特色农业、旅游业、水电等产业，成都、阿坝按 6∶4 的比例投入，共同开发经营，对园区内的招商引资、工业增加值、创汇、税收等主要经济指标，成都、阿坝按 4∶6 的比例分配。

4.3 培育发展生态产业已经成为生态补偿的重要方式

发展生态产业通过对生态资源的产业化培育，实现生态要素或资源的价值转化或增值，实质是利用生态资源而不对生态系统产生不利影响，提供更多优质的生态产品，将生态优势转化为发展优势，调动全社会保护好生态环境的积极性，在促进社会经济发展的同时，能够较好地保护生态环境。生态产业类型涉及生态农业、生态产业扶贫、生态旅游等。2018 年，国务院办公厅印发的《关于促进全域旅游发展的指导意见》，提到开发建设生态旅游区。中共中央、国务院印发的《乡村振兴战略规划（2018－2022 年）》指出，做好东西部扶贫协作和对口支援工作，着力推动县与县精准对接，推进东部产业向西部梯度转移，加大产业扶贫工作力度。2016 年财政部、农业部联合印发的《建立以绿色生态为导向的农业补贴制度改革方案》和 2017 年中共中央办公厅、国务院办公厅印发的《关于创新体制机制推进农业绿色发展的意见》均对建立农业生态补偿机制提出了明确要求。

生态产业发展规模既有大产业也有零散小产业，产业基地建设发展速度不一，大产业科技含量较高，且产业聚集效应优势明显，具有较强的市场竞争力，而小产业产品品质和产量都有待提升。各地根据当地实际情况结合扶贫、文化、地域特色等形成了多种典型模式，尤其把生态旅游作为生态补偿拓展的方向，形成了生态旅游扶贫、生态旅游“文化+”等形式多样的模式。

九洲江流域大力发展生态农业。九洲江流域重点整治畜禽养殖污染，着力打造生态养殖新模式，实现了养殖废弃物资源化利用。一是玉林市针对畜禽养殖污染排放量大的突出问题，制定出台《玉林市加强畜禽养殖污染防治工作实施意见》《玉林市生猪小散养殖场（户）污染防治管理规定》等规范性文件，大力推进畜禽养殖污染整治，坚决拆除九洲江流域沿线生猪养殖场。开展整治以来，累计清拆禁养区养猪场 2 761 家，清理生猪 48.26 万头。二是推广生态养殖新模式。规模化畜禽养殖采用“高架床+益生菌+沼气沼肥利用+有机肥生产+生态经济农林种植+牧草种植加工+草浆饲喂生猪”的生态养殖模式，累计完成 490 家规模养殖场改造，累计规模约达 40.6 万头生猪（存栏量）。对生猪小散养殖污染集中整治，推广“聚银养殖模式”，引导和扶持小散养殖户采取“公司+农户”模式集中经营，推进养殖废弃物集中处理。

云和梯田景区依托生态优势助推当地居民增收。云和梯田景区是集旅游休闲、摄影观光、民俗欣赏于一体的云和县首批 4A 级旅游景区，也是云和全域旅游发展的龙头景区。近年来，云和梯田景区通过建立三大机制，有效促进了生态产品价值的变现。一是建立了闲置资源“二次创业”工作机制。2016 年，由旅游投资公司对具备复垦价值的 400 多亩土地及部分民房进行了流转，开展五彩稻米种植和民宿招商。二是建立了景区整体招商工作机制。以保护景区生态价值的完整性为前提，建立由旅游部门牵头，招商、发改、住建、自然资源、农办、财政等部门参与的梯田景区整体招商工作机制。三是建立部门合力提升工作机制。围绕创建国家 5A 级旅游景区的战略目标，成立了由县委、县政府主要领导担任组长的工作领导小组。随着三大工作机制的有效运转，当地居民的经济水平也得到了显著提升，2011 年，梯田周边村镇农民的人均可支配收入只有约 3 200 元，而到了 2017 年，依靠景区带动，这一数据提高到 11 235 元，增幅超过 250%。

5

生态产品价值实现机制稳步推进

生态补偿机制的核心理念是外部效应的内部化，通过综合运用政府和市场手段解决生态产品与生态服务价值时空分布不平衡的问题。生态产品价值实现机制是通过市场交易提升生态产品供给区生态环境保护、治理以及生态产品提供的能力，使良好生态环境供给的正外部性内部化。生态补偿机制和生态产品价值实现机制互为补充。

5.1 生态产品价值实现内涵分析

5.1.1 生态产品的概念

2005 年，联合国首次向全球发布的《千年生态系统评估》，将生态产品与物质产品、文化产品并列为支撑人类生存与发展的三大类产品。生态产品可以认为是生态系统通过生物生产和人类生产共同作用为人类福祉提供的最终产品或服务。尽管目前生态产品尚未形成一个统一规范的定义，但生态产品均来源于生态系统已是无可争辩的事实。一般来说，理论上的生态产品概念有狭义和广义之分，狭义的生态产品概念重点在于其生产特性，主要是指维系生态安全、保障生态调节功能、提供良好人居环境的自然产品和服务，包括鸟语、花香、水清、天蓝、宜人气候等。而广义上的生态产品是指在全生命周期内资源节约、环境友好、可循环利用、有利于健康的产品。这不但包括有形的农业生态产品、工业生态产品、服务业生态产品，还包括无形的生态系统提供的生态服务。

我国 2010 年发布的《全国主体功能区划》将生态产品定义为“维系生态安全、保障生态调节功能、提供良好人居环境的自然要素，包括清新的空气、清洁的水源和适宜的气候等”，这是政府文件首次提出生态产品的概念。该文件提出生态产品同农产品、工业品和服务产品一样，都是人类生存发展所必需的。生态功能区提供生态产品的主体功能主要体现在：吸收二氧化碳、制造氧气、涵养水源、保持水土、净化水质、防风固沙、调节气候、清洁空气、减少噪声、吸附粉尘、保护生物多样性、减轻自然灾害等。一些国家或地区对生态功能区的“生态补偿”，实质是政府代表人民购买这类地区提供的生态产品。

从生态产品属性来看，生态产品可分为经营性生态产品和公共性生态产品两种类型，经营性生态产品具有与传统农产品、工业产品基本相同的属性特点，公共性生态产品除具有公共产品都具有的非排他性、非竞争性等特性外，往往还具有多重伴生性、自然流转性和生产者不明等特性。生态产品是由生态系统生产供给的，其生产过程是一个系统综合的过程，不是某一个要素或某一个局部就能够产生的，如洁净的水源是流域上游森林、草地、湿地等生态要素经过复杂的生态过程产生的，很难将其界定到某一个地点或某一个要素，这就决定了其产权是区域性或共同性的，而不能将其产权明确地确定为某个人或团体组织的。因此，公共性生态产品价值实现的市场机制不同于经济产品，不能以产品的形式进行交易，导致生态产品价值实现的途径和方式存在很大差异。总体而言，生态产品既能为生产活动提供原材料和能源资源等必需品，同时，又能成为区域发展的优势潜能，良好的资源生态环境可以带动相关绿色产业的快速发展，创造新的经济增长点。

综上所述，可将生态产品定义为：在不损害生态系统稳定性和完整性的前提下，自然生态系统为人类提供的物质和服务产品。包括 3 类：物质供给产品（农产品、野生动植物产品、生态能源等）、调节服务产品（水土保持、防风固沙、海岸防护等）和文化服务产品（生态旅游、美学体验等）。

5.1.2 生态价值的概念

国内外生态价值理论研究与实践发展历程表明，生态是有价值的，从生态资源的稀缺性方面来考虑，通常可以认为生态资源的生态价值可以通过价格的形式体现，这种与稀缺性相对应的价值本质上表现为一种机会成本，侧重于生态资源的经济价值。程宝良等认为生态价值的实质是满足人类社会系统对自然生态系统服务功能客观需要的主观价值反映，反映了人类社会系统和自然生态系统两个整体之间的关系。胡安水等认为生态价值是指生命现象与其环境之间的相互依赖和满足需要的关系，具体分为环境的生态价值、生命体的生态价值、生态要素的生态价值、生态系统的生态价值。欧阳志云等将生态系统服务功能的价值总结为直接利用价值、间接利用价值、选择价值和存在价值。

目前生态学界比较公认的生态价值分为使用价值和非使用价值，使用价值又分为直接使用价值、间接使用价值和选择价值，非使用价值又分为存在价值和遗赠价值。使用价值就是从某种资源或环境中能够得到的实物资源或服务，间接使用价值是指其生态功能价值。选择价值就是指消费者为一个未利用的资源所愿意支付的保险金，其目的在于避免将来失去它所要承担的风险。非使用价值是指资源和环境已经存在，但是人们还没有使用它的意图。存在价值是指从仅仅知道该资源存在而获得的满意感，尽管并没有要使用它的意图。遗赠价值是为了公平和对我们的后代负责，而将其留给子孙后代去使用的那部分价值。当前，生态价值的概念仍在不断深化当中。

总而言之，生态价值即生态系统的总体性价值，是包括经济价值与环境价值的有机整体。具体而言，既包括良好的生态产品的价值，如空气、水、土壤资源的清洁度所体现的生态价值，也包括自然资源所承载的生态价值、生态系统完整性所蕴含的生态价值，还包括人类通过减少污染、修复生态等行为而获得的价值。

5.1.3 生态产品价值实现机制的关键环节

生态产品价值实现，是通过多种政策工具的干预真实反映生态产品的价值，通过已有或新建的交易机制进行交易，实现外部性的内部化，建立“绿水青山”向“金山银山”转化的长效机制。为了实现多样化的生态产品价值，需要根据不同的生态产品建立不同的生态产品价值实现途径，建立健全生态产品价值实现机制。生态产品价值实现机制的关键技术环节主要包括生态产品价值的核算、生态产品产权的界定、生态产品价值转化的实现方式、生态产品价值实现机制的配套政策措施。

1）生态产品价值的核算。生态产品除了自身所具有的天然价值外，还具有经过人类加工而形成的人工价值，更具有代际补偿价值、外部补偿价值。目前已形成了直接市场法、替代市场法与意愿调查法 3 种主要核算生态产品价值的方法。

2）生态产品产权的界定是实现生态产品价值转化的前提条件，一方面要明确界定生态产品或服务的供给者、需求者，另一方面要确定开展市场交易的主体。

3）生态产品价值转化的实现方式主要有两类：第一类是直接实现方式，在保护生态环境的前提下，通过合理开发获得经济收益；第二类是间接实现方式，在禁止开发活动的条件下，通过各种形式的转移支付获得生态补偿。

4）生态产品价值实现机制的配套政策措施是针对生态产品价值实现机制制定的相应的配套落实政策和监管制度，如领导干部自然资源资产离任审计制度、生态环境损害责任终身追究制度等。

5.2 物质供给产品价值转化进展较好

物质供给产品是自然生态系统提供的物质产品、生态农业生产的物质产品，如有机农产品、中草药、原材料、生态能源等。供给类生态系统服务可直接通过市场交易产生经济价值，一般情况下，供给类生态产品不需要特别处理可直接作为商品进行市场交易，但通过生态标签制度可使该类产品价值增值，常见的方式有生态品牌培育、产业转型和园区建设等。

以生态品牌培育创新生态产品价值实现路径。生态品牌培育有利于生态产品生产与销售形成规模效应，增加生态产品的附加值，提升生态产品价值转化效率。例如，丽水市依托当地菌、茶、果、蔬、药、畜牧、油茶等生态农产品打造“丽水山耕”品牌，通过品牌溢价的方式实现供给类生态产品的价值转化。

专栏 5-1　丽水山耕：品牌溢价下的有效机制

“丽水山耕”品牌是丽水市历经 3 年创立的全国首个覆盖全品类、全区域、全产业链的地市级农业区域公共品牌。该品牌自成立以来，生态产品溢价明显，已显现出强大的生命力。

（一）主要做法

丽水市依托当地菌、茶、果、蔬、药、畜牧、油茶等生态农产品打造“丽水山耕”品牌。

丽水市通过规划引领、实行企业运作、开展标准认证、全程溯源监管、拓宽营销渠道、完善考核机制等六大举措，采取品牌溢价的方式实现供给类生态产品的价值转化。市政府出台了《“丽水山耕”品牌建设实施方案(2016—2020 年）》。“丽水山耕”品牌所有者是丽水市生态农业协会，实际运营和推广者是丽水市农业投资发展有限公司（正处级国企）。丽水自行开发追溯系统，建立起从生产主体到乡镇街道再到县、市级政府的质量安全追溯系统监管体系，对产品质量进行严格的监测把关。“丽水山耕”以“三商融合”为特点，建设了自己的整合营销体系。市政府对各县（市、区）、各职能部门专设“丽水山耕”品牌建设工作考核。

（二）主要成效

截至 2018 年 6 月底，丽水生态农业协会会员总数达 733 家，培育“丽水山耕”背书产品 875 个，“丽水山耕”建立合作基地 1 122 个，已有百兴菇业、鱼跃等 733 家企业加入“丽水山耕”品牌旗下，形成了菌、茶、果、蔬、药、畜牧、油茶、笋竹和渔业九大主导产业。“丽水山耕”产品累计销售额达 101.58 亿元（其中 2018 年上半年销售额为 36.79 亿元），平均溢价率超 30%，产品远销北京、上海、深圳等 20 余个省市。“丽水山耕”已成为农业版“浙江制造”和浙江省十大区域公用品牌产品。2017 年中国农产品区域公用品牌价值评估结果显示，“丽水山耕”品牌价值为 26.59 亿元，在百强榜排第 64 名。

（三）思考

低、小、散、弱是落后地区农业发展的基本特征。越是落后地区，就越要发挥政府的有效作用。“丽水山耕”品牌初步成功的背后，在于充分发挥了政府在品牌建设中的作用，生态农业协会串起了市场主体，溯源管理倒逼了农业产业的标准化进程的加速，品牌背书提升了生态产品价值的整体优势，“壹生态”系统推动了高效流通和品牌营销。可以说，“丽水山耕”品牌的基底在于丽水生态农产品的真品质，但助推插上溢价“翅膀”的却是后发地区的有为政府。

以产业转型和园区建设助推经济高质量发展。各地在大力发展旅游业的同时，积极推进产业转型和产业园区建设，目前很多乡村已成功实现转型，既保护了生态环境，又实现了乡村振兴，为我国生态扶贫提供了有益经验。甘肃祁连山生物科技开发有限责任公司计划实施祁连山马鹿文化产业园建设项目，既充分发挥了当地特色自然资源优势，又带动了产业发展，能够有效促进农牧民增收。

专栏 5-2　产业园区生态转型成为新的经济增长点

甘肃马鹿，1982 年被定为甘肃优良地方品种，于 1995 年被对外贸易经济合作部授予“中华老字号”称号，2009 年取得无公害产地认证证书，2015 年获得地理标志产品认证。为充分发挥当地特色自然资源优势，做大、做强祁连山马鹿产业，在肃南县委、县政府的大力推动下，甘肃祁连山生物科技开发有限责任公司计划实施祁连山马鹿文化产业园建设项目。

（一）主要做法

建设祁连山马鹿文化产业园。项目以祁连山马鹿产业为核心，以鹿产品深加工和产品创新研发为重点，辅助发展文旅项目，同时带动畜牧业发展，促进农牧民增收。预期经过 3～5 年努力，逐步将祁连山马鹿文化产业园打造为祁连山马鹿产业示范基地、国家文化产业与生物产业深度融合的示范基地、甘肃马鹿文化科普基地、肃南乡村振兴和精准扶贫示范基地。

项目计划总投资 1.6 亿元，分 3 期建设。其中：一期主要建设保健食品 GMP 车间及保健酒、制胶、高纯度药用玻璃酸酶等 7 条现代化生产线。二期主要建设鹿文化旅游度假生态园、鹿文化记忆展览馆、游客接待中心、鹿场鹿舍空中参观通道、草原旅游参观通道等设施。三期主要建设康养休闲旅游度假基地、旅游生态度假酒店、园林式养老养生中心景观和健身广场等配套设施。目前，该项目已完成建设用地与保护区位置关系确认、地形地理位置测绘、项目备案及原厂区和周边农牧民拆迁等各项前期工作任务，项目可研报告、初步设计已委托编制。

（二）主要成效

该项目建成后，将以秀丽的祁连山草原风光和优良的祁连山马鹿资源为切入点，以鹿产品精深加工开发、鹿文化传播、旅游观光为主线，形成集祁连山马鹿扩繁培育、鹿文化传播推广、鹿产品深加工销售及观光旅游于一体的祁连山马鹿文化综合性产业园区。

（三）思考

以现代化污染治理技术控制养殖产业废弃物污染，提升生态环境质量，并融入生态文化，促进农旅结合，使传统养殖业焕发了活力，成为了新的经济增长点。

5.3 调节服务产品价值转化积极探索

调节服务产品是生态系统中体现调节服务功能价值的产品，包括水源涵养、水土保持、防风固沙、生物多样性、洪水调蓄等。调节类生态系统服务使用具有非排他性、非竞争性等特点，因其不能直接转化为经济价值，当前只能由国家统筹管理。目前，我国调节类生态系统服务价值化实现路径具体手段包括保护区建设、实施天然林保护、防护林建设、水源地保护、退耕还林还草、海湾整治修复等各类重大生态修复工程。例如，古浪县土门镇台子村三代人扎根荒漠，分 3 个阶段积极投身治沙造林工作，第一阶段采取“一棵树、一把草、压住沙子防风掏”的治沙工程技术措施，第二阶段将治沙重点转向黑岗沙、大槽沙、漠迷沙三大风沙口，第三阶段将治沙重点转向麻黄塘百里风沙线生态屏障建设区，经过努力，荒漠生态系统生态服务功能不断提升，生态环境持续好转。再如青田县章村乡结合实际，探索了“集体承包”“个人承包”“股份制承包”等多种“河权到户”的承包模式，在承包收入、渔业收入及工资收入上来计量水生态系统发挥的调节服务功能。

专栏 5-3　八步沙林场三代人治沙造林典型

1981 年，随着国家三北防护林体系建设工程的启动和实施，古浪县土门镇台子村 6 位年过半百的基层党员和村干部，带头以联户承包的方式组建了八步沙集体林场。38 年来，八步沙“六老汉”三代人扎根荒漠、接续奋斗，积极投身防沙治沙事业，为构筑西部生态安全屏障做出了积极贡献，成为全省农民联户承包治沙造林的典型。

（一）主要做法

林场防沙治沙主要经历了 3 个阶段。

第一阶段：1981—2000 年，第一代治沙人带头承包八步沙 7.5 万亩流沙，采取“一棵树、一把草、压住沙子防风掏”的治沙工程技术措施，同时加强抚育管护、封沙禁牧，造林成活率和保存率大幅度提高。通过采取乔、灌、草结合，封、造、管并举等措施，形成了一条南北长 10 km、东西宽 8 km 的防风固沙绿色长廊，使 7.5 万亩荒漠得以治理，近 10 万亩农田得到保护，八步沙变成了树草相间的绿洲。

第二阶段：2000—2015 年，在巩固好八步沙生态建设成果的同时，第二代治沙人主动请缨，将治沙重点转向远离八步沙林场 25 km、腾格里沙漠风沙危害最为严重的黑岗沙、大槽沙、漠迷沙三大风沙口。先后承包实施了国家重点生态功能区转移支付项目、沙化土地封禁保护区建设项目、省级防沙治沙建设项目、三北防护林等国家重点生态建设工程。累计完成治沙造林 6.4 万亩，封沙育林 11.4 万亩，栽植各类沙生苗木 2 000 多万株，造林成活率达 65%以上，林草植被覆盖度达到 60%以上，相当于再造了一个八步沙。

第三阶段：2015 年至今，林场将治沙重点转向条件更加艰苦的麻黄塘百里风沙线生态屏障建设区，完成工程治沙造林 2 万多亩，草方格压沙 0.7 万多亩，封沙育林草 1.8 万亩，防沙治沙施工道路绿化工程 56 km，栽植各类沙生苗木 800 多万株。为了适应新时期持续发展需求，成立了古浪县八步沙绿化有限责任公司，中标实施了 2017 年祁连山山水林田湖草生态保护修复工程北部防沙固沙造林工程，工程施工组织得力，推进措施有效，保质保量完成了 1.9 万亩压沙造林任务。

（二）主要成效

多年来，八步沙“六老汉”三代人累计完成治沙造林 21.7 万亩，管护封沙育林草 37.6 万亩，为构筑西部生态安全屏障做出了积极贡献。

（三）思考

八步沙的生态环境整治使荒漠绿草遍布，遏制了沙漠的扩张，生态环境持续好转，荒漠生态系统生态服务功能不断提升，生态资本存量和流量不断增长。

5.4 文化服务产品价值转化培育发展

文化服务产品是生态系统中体现文化服务功能价值的产品，包括生态旅游、自然景观、美学享受、精神体验等。随着我国人民群众对美好环境的需求不断增长，文化类生态产品越来越受到地方行政管理者的重视，生态旅游成为区域经济产值增长的新引擎。常见的方式有旅游产业开发、美丽乡村建设等。

以旅游产业开发加快推动生态产品价值转化。各地在美丽乡村建设的基础上，积极挖掘自然资源和乡村人文风情潜力，大力发展乡村旅游，开发旅游产业，在推动生态产品价值转化的同时，促进了农民增收。张掖市肃南县康乐镇深入推进文旅融合，以特色民宿度假区、裕固水街、裕固族帐篷营地为重点，配套完成水、电、路、暖等基础设施建设及绿化、美化、亮化工程，发展成为集文化体验、产品展销及餐饮于一体的综合性服务场所，传承和弘扬民族文化，不断增强产业发展活力，加速生态旅游资本的价值转化。

专栏 5-4 乡村旅游开发加速生态产品价值转化

张掖市肃南县康乐镇依托张肃公路乡村振兴示范带建设，以发展乡村旅游为导向，深化文旅融合，围绕特色民宿度假区、裕固水街、裕固族帐篷营地三大板块，着力打造集镇裕固族民俗风情体验区。

（一）主要做法

打造特色民宿。康乐镇榆木庄村裕固族民宿度假区规划占地约5万 m^2，计划分3年修建占地为0.73万 m^2 的特色民宿共60幢（其中，一期规划修建特色民宿12幢，二期规划修建特色民宿48幢），项目概算总投资4 000万元。

聚集产业活力。通过政府规划、招商引资等形式，盘活商业水街现有6幢商业楼及公共配套设施等资源资产，计划入驻中华裕固风情走廊游客服务中心、裕固族文化传承体验中心、民族文化手工艺品展销及制作传承基地和民族文化餐饮等项目。投资694万元，实施街区旅游设施升级改造工程及景观风貌提升工程，街区风貌进一步提升。

彰显特色文化。立足独特民俗文化，流转耕地35亩，投资56.6万元，打造裕固族帐篷营地1处，扎设裕固族帐篷13顶，铺设人行栈道700 m，并积极引进县域内特色民俗餐饮企业规范化运营模式，充分彰显裕固族餐饮文化特色，形成吸引游客的消费亮点，不断提升旅游经营水平，带动旅游业快速健康发展。

（二）主要成效

康乐镇民宿数量及服务水平不断提升，产业发展活力增强，民俗文化得到不断传承和弘扬，先后荣获"中国最美休闲乡村""特色民居村""全国文明村镇""全省村镇建设先进村"等荣誉称号。

（三）思考

乡村旅游开发在强化基础设施建设的同时，更要注重特色文化的挖掘，只有避免千篇一律、新颖别致，才能吸引游客、加速生态旅游资本的价值转化。

以美丽乡村建设持续推动生态资产累积增长。近年来，我国各地大力挖掘乡村文化特色，通过乡村环境整治，积极开展美丽乡村建设，为乡村旅游业的发展打下了良好的基础，不断促进生态资产向生态资本的转变，为我国实现生态产品价值转化提供了有益经验。张掖市肃南县白银乡东牛毛村通过实施“风貌革命”“厕所革命”“垃圾革命”三大革命，整顿了乡村生态环境，配套完善水、电、网等基础设施，完善了村内污水处理设施建设，配套了垃圾清运车、电动保洁车、垃圾斗等保洁设施设备，制定环境集中整治日、卫生“三包”、定期督查、年度考核等制度，严格日巡查、周清理和卫生清洁签到管理制度，不断提升生态环境美学服务功能，丰富旅游生态资源，实现了从生态旅游资本向旅游收入的转化。

专栏 5-5　以美丽乡村建设丰富生态旅游资本

张掖市肃南县白银乡东牛毛村通过实施三大革命和基础设施建设，整顿了乡村面貌，提升了生态环境质量，促进了生态旅游资本增长。

（一）主要做法

实施“风貌革命”。建成 23 座蒙古族特色宾馆及游客接待服务中心、喀尔喀蒙古族民俗文化广场、跑马场和停车场，安装民族雕塑 10 座；拓宽硬化景区东入口道路；种植观赏花卉 20 亩、景观树木 5 000 多株，打造景区绿色迎宾长廊。

实施“厕所革命”。投资 25 万元，采取统一设计、先建后补、整村推进方式，对全村户用厕所进行改造，新建水冲式卫生厕所 50 户，铺设污水管道 1 270 m，修建检查井 28 个、10 m^3 化粪池 1 座，全村生活污水实现集中处理。

实施“垃圾革命”。开展以“五清一改”为重点内容的全域无垃圾行动和村庄清洁行动，新建 1.5 万 m^3 垃圾填埋场 1 座；对村内卫生区域划片，明确片区负责人，配备保洁员。

（二）主要成效

各类旅游设施数量不断增长，绿化面积不断增加，民族特色更加凸显，乡村院落整洁度不断提升，环境质量明显提高，旅游人数持续增长。

（三）思考

乡村生态环境整治不仅改善了人居环境，而且使生态环境美学服务功能不断提升，吸引游客观赏，游憩价值持续增长，实现了从生态旅游资本向旅游收入的转化。

6

长江经济带、京津冀等重点区域生态补偿加快推进

6.1 长江经济带跨省和省内生态补偿进展顺利

建立了以水质考核为目标的跨省流域生态补偿机制。2012 年，环境保护部会同财政部积极推动皖浙两省签订新安江流域水环境补偿协议，新安江流域成为全国首个跨省流域生态补偿机制试点，为全国跨省流域生态补偿工作树立了标杆。2018 年 1 月，为贯彻落实习近平总书记“共抓大保护，不搞大开发”的重要指示，财政部、环境保护部、国家发展和改革委员会、水利部印发《中央财政促进长江经济带生态保护修复奖励政策实施方案》，明确以改善生态环境质量为导向，计划于 2018—2020 年由中央财政安排奖励资金 180 亿元，对长江经济带 11 个省（市）实行奖励政策，并推动云南、贵州、四川三省签订赤水河流域横向生态保护补偿协议。这些都为长江经济带有关省份建立跨省流域横向生态保护补偿机制起到引导和示范作用。2019 年 4 月，安徽省与江苏省政府签署了《关于建立长江流域横向生态保护补偿机制的合作协议》，约定以两省跨界、流经滁州的滁河陈浅断面作为考核断面。

长江经济带各省（市）辖区内建立了基于环境质量改善的财政激励机制。自 2007 年起，江苏省在太湖流域按水污染物通量进行区域补偿，2010—2014 年，通榆河流域按水环境质量进行区域补偿；2014 年至今，全省、全流域按水质目标改善情况进行双向补偿，目前补偿断面已增至 112 个。浙江省出台《关于建立省内流域上下游横向生态保护补偿机制的实施意见》，要求在 2020 年基本建成全流域的上下游横向生态保护补偿机制并率先在钱塘江干流、浦阳江流域实施。2019 年 11 月，江西省 79 个县（市、区）正式签订 79 份上下游横向生态保护补偿协议，流域上下游县（市、区）参照省级相关部门总体要求自行确定考核目标，即协议目标不低于现状水环境功能类别。此外，湖南省出台《湘江流域生态补偿（水质水量奖罚）暂行办法》，四川省出台《四川省“三江”流域水环境生态补偿办法（试行）》，云南省针对入滇池河流开展生态补偿试点工作，均不同程度地推进了本省的流域生态保护补偿机制的构建工作。

长三角一体化背景下的跨省生态补偿机制正在探索。《长江三角洲区域一体化发展规划纲要》中提出，完善跨流域、跨区域生态补偿机制。建立健全开发地区、受益地区与保护地区横向生态补偿机制，探索建立污染赔偿机制。在此背景下，长三角各地频繁展开合作，探索以“上游主动保护下游，下游支持上游发展”为核心的多元化横向生态补偿机制。2019 年，上海市青浦区与江苏省苏州市吴江区、浙江省嘉兴市嘉善县三地在环境保护方面开展联防联控联治，建立了水质协作机制。三地开展应急监测演练，完善长三角地区生态环境部门应对跨界环境污染事件区域联动机制，提升相应的应急响应能力。

6.2 京津冀地区已经开展跨区域生态补偿

国家在京津冀地区实施的密云水库上游潮白河流域、“引滦入津”流域上下游等生态补偿主要是指以中央政府为主导，通过财政转移支付的方式，以国家生态环保政策、国家生态环保发展重大基金和工程项目等形式，在生态环境保护、治理与恢复方面实施的各项措施。

开展密云水库上游潮白河流域生态补偿。密云水库上游潮白河流域水源涵养区是京冀水源涵养功能区的重要组成部分，河北省每年向密云水库供水约 3 亿 m^3，有力保障了下游地区的生产生活。中共中央、国务院印发的《生态文明体制改革总体方案》提出要“推动在京津冀水源涵养区开展跨地区生态补偿试点”。按照中共中央、国务院生态文明体制改革工作要求，在生态环境部、财政部等有关部委的组织协调下，河北省与北京市经协商，于 2018 年 11 月共同签署了《密云水库上游潮白河流域水源涵养区横向生态保护补偿协议》。协议实施年限暂定为 2018—2020 年。按照补偿协议，北京市对密云水库上游潮白河流域的河北省承德市、张家口市相关县（区）进行生态保护补偿，对污染治理工作成效进行奖励。水质考核除包含国家规定的高锰酸盐指数、氨氮、总磷三项指标外，增加了总氮指标，相关奖励依据总氮下降幅度给予。水量考核在 2000 年以来的多年平均入境水量考核的基础上，实行多来水、多奖励的机制。北京市财政于 2018 年年底前，先行向河北省预拨补偿资金 2 亿元，河北省财政配套 1 亿元，根据下一年目标考核情况进行清算。

开展“引滦入津”流域上下游生态补偿。自 2009 年开始，天津市政府每年在财政预算里留出专项资金 2 000 万元，2011 年开始增加到 3 000 万元，扶持河北推进滦河上游区域水生态环境保护及水污染治理，资金用来支持河北范围内“引滦入津”水源的保障项目建设，保障针对其水质的生态整治工程。2012 年河北省向中央有关部门上报了《关于开展引滦流域跨界水环境补偿试点的函》，由于地区利益分歧大、部门协调难度大等，直到 2016 年，河北省和天津市才正式签署《关于引滦入津上下游横向生态补偿的协议》。协议规定，河北省和天津市三年内每年各出资 1 亿元，共 6 亿元；天津市则根据水质达标率拨付资金，中央根据考核情况确定奖励金额，中央拨付给河北 3 亿元奖励。另外，从 2016 年 11 月到 2017 年 5 月，河北省根据协议相关规定，开展了潘家口、大黑汀水库网箱取缔项目，共清理 7.9 万个网箱，涉及库鱼 1.73 亿斤，彻底解决了网箱养鱼问题，水质明显改善。值得注意的是，如果河北省每年均能完成考核目标，三年总计接受补偿 15 亿元，但经初步测算，仅取缔潘家口、大黑汀水库网箱养鱼一项工作，唐山市共需资金 13.28 亿元、承德市共需资金 7.34 亿元，补偿资金明显不足，这也是导致库区居民水源地保护积极性不高的主要原因。

6.3 黄河流域生态补偿以省内补偿为主

2019 年 9 月，习近平总书记在黄河流域生态保护和高质量发展座谈会上发表重要讲话，深刻阐述了推动黄河流域生态保护和高质量发展的重大意义、总体思路、主要目标和战略任务。讲话指出，黄河流域在我国经济社会发展和生态安全方面具有十分重要的地位；黄河上游局部地区生态系统退化，水源涵养功能降低；上游要以三江源、祁连山、甘南黄河上游水源涵养区等为重点，推进实施一批重大生态保护修复和建设工程，提升水源涵养能力；三江源、祁连山等生态功能重要的地区，不宜发展产业经济，而应保护生态，涵养水源，创造更多生态产品。

青海、甘肃、宁夏、内蒙古等省（区）根据实际情况，积极制定并实施生态补偿政策，探索开展不同形式的生态补偿。青海省在总结三江源生态保护补偿试点工作经验的基础上，将生态补偿与实施主体功能区规划、西部大开发和集中连片特困地区脱贫攻坚等战略有机结合，重点在三江源草原草甸湿地生态功能区屏障、青海湖草原湿地生态带、祁连山地水源涵养生态带等“一屏两带”重点生态功能区开展生态补偿。甘肃省探索建立河湖生态补偿机制，推动水资源保护、水污染防治、水环境改善、水生态修复等工作任务。2019 年 2 月，宁夏印发《关于建立流域上下游横向生态保护补偿机制的实施方案》，在黄河宁夏过境段流域内先行开展生态补偿试点。2019 年 6 月，内蒙古自治区生态环境厅、财政厅印发《内蒙古自治区重点流域断面水质污染补偿办法（试行）》，对自治区境内所有重点流域开展生态补偿。

目前，学者已经开始广泛关注黄河流域生态补偿，提出要建立面向生态保护与高质量发展的黄河流域生态补偿机制，要重点关注黄河流域季节性水资源价格、上中下游地区间差异、饮用水水源地保护等重点领域的关键问题。

6.4 粤港澳大湾区生态补偿未全面建立

从已经开展的生态补偿实践来看，目前，粤港澳大湾区还没有建立区域性的生态补偿，仅有广东省和香港签订了东江水供水协议，而广东省开展的跨省和省内生态补偿进展较好。从跨省流域生态补偿来看，广东省先后与广西、福建、江西 3 个省（区）建立了九洲江流域、汀江—韩江流域、东江流域上下游横向水环境补偿机制，以推动跨省流域水质改善。2017 年，香港与广东省签署了《2018 年至 2020 年东江水供水的新协议》，水价从 2018 年开始每年上调 0.3%，2018—2020 年每年固定总额水价分别约为 47.93 亿港元、47.07 亿港元和 48.21 亿港元，三年合计约 143 亿港元。从省内流域生态补偿来看，近年来广东省委、省政府通过财政转移支付、区域生态补偿等机制的不断创新，加大生态补偿力度。2019 年 6 月，广东省财政厅印发《广东省生态保护区财政补偿转移支付办法》，明确生态保护区财政补偿转移支付的资金来源、支持范围、分配原则等。2019 年 12 月，广东省韩江流域管理局与汕头、河源、梅州、潮州等市的生态环境局、水务局签订了《关于加强韩江流域水质保护工作合作备忘录》，在加强水质监测数据、污染源普查数据的共享，建立流域水污染突发事件处置工作的协调沟通机制，建立涉水污染问题线索通报处置机制、涉水联合执法机制等方面达成了合作意向。

7

我国生态补偿制度建设面临的问题

7.1 推进生态补偿尚未形成部门合力

我国生态补偿政策和资金已达到相当规模，根据政府预算收支科目，与生态环境保护相关的支出项目约 30 项，其中具有显著生态补偿性质的支出项目就占到了 1/3。但生态补偿政策以部门为主导，缺乏系统性、整体性考虑，导致要素分割、重复立项、补偿对象交叉。补偿资金落实到县级财政后往往分块执行，资金使用方向限制严格，较难跨工程从整体上把握生态环境建设，资金难以形成合力，政策叠加效应不明显。

7.2 现有法律法规支撑不足

生态补偿涉及的市场交易主体的范围、责任、权益、义务复杂，难以确定，相关法律法规散见于诸多资源和环境保护的单行法律法规文件，缺乏系统性和协调性，造成地方在具体工作中面临“无法可依”的困难。虽然生态补偿条例在 2010 年就被列入立法计划，但一直迟迟未出台，目前还未形成专门的生态补偿立法，对生态补偿相关各方的权利、义务缺乏法律规范，而且有关领域补偿政策的制定往往由各主管部门负责，缺乏整体性和协同性。

生态产品的供给主体及权责利、价值评估方法、市场交易规则以及自然资源产权等保障生态产品价值实现的相关立法几乎处于空白状态。各地排污权有偿使用和交易政策的定位、边界不清晰，造成各地政策实施不一致。有个别地方将排污权有偿使用和交易政策简单地理解为征收有偿使用费的政策，违背了排污权交易政策的初衷。全国碳市场在管理办法、报告检查、平台设计等方面存在一定差异，且试点结余配额如何处理暂无定论。

7.3 关键区域生态补偿诉求依然十分强烈

党的十八大以来，党中央提出了京津冀区域协同发展、长江经济带发展、共建“一带一路”、粤港澳大湾区建设、长三角一体化发展、黄河流域发展等新的区域发展战略。三江源是长江、黄河、澜沧江等大江大河的发源地，每年向下游输出 620 多亿 m^3 的水资源。青海省近 90%的国土属于禁止或限制开发区。黄河上游地区是重要的“绿色屏障区”，承担着涵养水源、保持水土、调节气候等多重功能。在生态保护建设过程中，这些地区失去了许多机会，做出了巨大牺牲，虽然国家实施了一系列具有生态补偿性质的大规模生态保护工程，但由于这些区域生态环境较为脆弱，生态补偿资金缺口仍然较大。加强黄河流域、三江源地区等关键区域生态补偿机制的顶层设计，继续完善纵向生态补偿机制，探索建立跨省横向生态补偿机制至关重要。长三角区域内发展不平衡、不充分，跨区域共建、共享、共保、共治机制尚不健全，生态环境一体化发展水平有待提高，需要进一步建立健全开发地区、受益地区与保护地区的横向生态补偿机制，建立跨流域的生态补偿机制，推动生态环境协同监管。

7.4 生态价值难以量化影响生态补偿落地

开展生态补偿的关键是合理量化生态服务价值，目前生态服务价值核算方法很多，需要的数据量很大，不同的方法对资料数据的类型和统计方法及精度要求不同，在部分功能领域，还存在资料和数据缺口。此外，涉及多个生态功能核算时，每种生态功能一般都有多种核算方法，每种生态功能价值核算的方法也存在差异。因核算方法、关键参数、核算范围、指标体系等不同，计算出的生态系统价值差距也较大，因此，准确计算出生态价值还有一定难度，这制约了生态补偿工作的开展。

7.5 企业和社会参与还不充分

在已经开展的生态补偿实践中，政府主导的生态补偿模式占绝对主体地位，据统计，2016 年中央财政投入的生态补偿资金占全部生态补偿资金的 87.7%，地方财政资金占比为 12%，其他资金来源占比不到 1%，政府引导、市场运作、社会参与的多元化生态补偿投融资机制尚未大规模建立，产业扶持、技术援助、人才支持、就业培训等“造血型”补偿方式还未得到广泛应用。

8

完善中国特色生态补偿制度体系的政策建议

进入新时期，面对我国社会主要矛盾的变化，按照高质量发展的要求，建议按照党委领导、政府主导、企业主体、社会组织和公众共同参与的格局进一步建立健全我国生态补偿制度体系。

8.1 落实责任，完善制度

坚持党的领导。全面贯彻党的十九大和十九届二中、十九届三中、十九届四中、十九届五中全会精神，深入贯彻习近平生态文明思想，认真落实党中央、国务院决策部署，以坚持党的集中统一领导为统领，实行生态环境保护党政同责、一岗双责，全面落实生态补偿制度。

进一步发挥政府的统筹协调作用。坚持以政府调控为主，以降低整体投资风险，逐步形成政府规制主导下的生态补偿机制。组织成立区域性统一规范的生态资源交易市场，做好制度设计，建立完善市场监督管理长效机制，以执法监管、信用监管、政策激励、退出机制等手段，营造公平、公正、公开、有活力的市场环境。明确多元主体在生态补偿中的权利和义务，通过绩效评估、信用体系等手段明确奖惩政策，激发生态补偿多元主体的内生动力和外在约束。

加强各部门沟通与合作。各部门、各地方要有跳出生态补偿看生态补偿的勇气和魄力，更要有跳出生态补偿看绿色发展的格局，再从绿色发展实际需求，谋划切实可行的生态补偿政策目标，生态补偿制度设计既要仰望星空，又要脚踏实地。有关各方要统筹做好生态补偿前期谋划，以价值为驱动落实各受益主体权责，把生态补偿作为有关部门落实生态文明制度建设的重要抓手扎实推进。

8.2 夯实基础，加快立法

尽快制定出台生态补偿条例。加快生态补偿条例的制定进程，建议条例围绕政府补偿与市场补偿的关系，受益者补偿与破坏者补偿的关系，生态补偿与资源开发、环境权益交易、生态产品价值实现的关系以及生态补偿与其他环境经济政策工具的关系，明确生态补偿的适用范围、基本原则、对象、方式，以及相关利益主体的权利、义务、法律责任等内容，为生态补偿提供法治保障。

完善生态补偿的配套措施。加大自然资源调查力度，建立全国统一的自然资源价值量调查方法，建立完善的自然资源数据库，构建系统全面的数据收集和信息共享网络，实现数据资源共享。建立面向生态补偿的 GEEP（经济生态生产总值）核算体系，以区域内生态环境服务价值和自然资源价值为基础综合确定不同生态领域的生态补偿标准。建立开放、透明的生态补偿交易平台信息披露制度，构建第三方审核认证体系，积极引导公众参与监督。根据各项工作开展情况和管理效果，开展生态补偿成效评估，对生态保护成效、资金流动能力等进行评估。

8.3 增加投入，稳中求进

根据实际适时加大资金投入。根据国情和各地实际情况，按照事权与支出责任相匹配的原则，在涉及国家生态安全的领域，加大国家投资力度。积极稳妥推进已有生态补偿政策落实，适度加大对已有七大重点领域和两大重要区域生态补偿投入力度，确保重要生态系统和生态功能重要区域生态产品产出能力持续增强。

发挥生态补偿资金协同使用效应。探索生态补偿资金整合使用机制，对现有各级各领域生态补偿政策、各类项目和投资进行梳理，统筹谋划生态环境保护、治理与建设重点任务，整合生态补偿、生态保护、污染防治、脱贫攻坚和绿色发展等资金。以县级政府为主体，按照渠道不变、各记其功的原则，充分发挥政府投资示范作用，避免重复投资，切实发挥资金投入效益。适当放宽专项生态补偿资金使用限制，提高资金使用效率。

加强生态补偿资金监管。资金的使用监管应对标各项目要求，由相关业务主管部门监管验收，审计部门进行资金使用财务监管，确保专款专用。对不同项目在生态补偿资金使用中有业务交叉或涉及不同项目验收要求有冲突的，资金由县级政府统一协调使用，避免重复建设与投资，确保资金使用高效合规。

8.4 立足国情，探索前行

基于我国国情开展生态补偿。遵循市场规律，坚持生态有价原则，扎实推进市场化生态补偿试点工作，探索适合中国国情的市场化生态补偿路径。根据各地资源禀赋和比较优势，把推进市场化生态补偿与推动区域绿色发展深度融合，将生态治理项目与产业发展项目有机整合，把生态价值变成经济价值，促进生态保护地区生态优势转化为发展优势，打通“绿水青山”向“金山银山”转化路径。

探索开展生态产品价值实现机制。鼓励社会团体、企业、个人自愿购买具有生态服务功能选择价值的生态产品。结合已有的环保、节能、节水、循环、低碳、再生、有机等产品，优先选取与消费者吃、穿、住、用、行密切相关的产品，实施统一的绿色产品评价标准清单和认证目录。继续深化交易政策制度制定、交易服务能力提升等工作，拓展参与排污交易的行业和交易指标，鼓励探索创新水权交易业务模式，加强全国碳排放权交易市场制度体系建设、基础设施建设。

8.5 生态共建，利益共享

建立区域利益分享机制。在拥有丰富自然资源、劳动力的中上游地区和拥有创新、技术、人才、资本等高端要素的下游地区之间，积极总结、推广利益分享经验，从土地利用、税收分享等利益分享的关键问题出发，按照不同区域、不同类型生态系统的功能特征系统谋划功能空间和策略。加大对森林、草原、湿地和重点生态功能区的转移支付力度。探索利益分享的新模式、新做法，创新区域合作形式，推动补偿方向从单纯的经济领域向社会领域全面展开，实行社保、教育、信用、就业等方面的一系列对接政策。

全方位开展长江经济带生态补偿。梳理长江经济带生态环境问题清单并明确优先序，以建立完善全流域、多元化、市场化、高水平、综合性、可持续的生态补偿长效机制为目标，坚持以问题为导向，建立全流域生态补偿机制，着重解决长江流域干支流水质污染严重和水资源需求矛盾突出的问题，建立基于生态功能的生态补偿机制，努力实现山水林田湖草的综合生态效益。

加快建立三江源地区生态补偿机制。在三江源地区先行先试区域性生态综合补偿，实施系统保护、综合治理的生态补偿机制，提升三江源地区优质生态产品的供给能力，探索国家购买、自然资源开发经营、跨省自然资源产权交易等生态产品购买途径，增强区域自我发展能力。

探索建立黄河流域生态补偿机制。以黄河水资源保护、水土保持、饮用水水源地保护等为重点，考虑黄河上游、中游、下游及河口生态系统保护需求和经济发展阶段的差异性，建立体现流域系统性和差异性的生态补偿机制。建议将生态补偿机制纳入沿黄生态经济带建设等区域发展战略中进行统筹考虑，以综合生态补偿推进黄河全流域高质量发展。

参考文献

[1] 刘桂环. 探索中国特色生态补偿制度体系[N]. 中国环境报，2019-12-17（3）.

[2] 刘桂环，王夏晖，文一惠，等. 以生态补偿助推新时期流域上下游高质量发展[J]. 环境保护，2019，47（21）：11-15.

[3] 刘桂环，朱媛媛，文一惠，等. 关于市场化多元化生态补偿的实践基础与推进建议[J]. 环境与可持续发展，2019，44（4）：30-34.

[4] 杨清，南志标，陈强强. 国内草原生态补偿研究进展[J/OL]. 生态学报，2020（7）：1-8[2020-04-14].http：//kns.cnki.net/kcms/detail/11.2031.Q.20191226.1607.030.html.

[5] 杨冉，马军. 跨区域草原生态补偿的经济学分析[J]. 内蒙古农业大学学报（社会科学版），2017，19（6）：47-51.

[6] 王艳松，桑玲玲，章远钰. 完善耕地保护补偿激励机制的思考[J]. 中国土地，2019（12）：28-30.

[7] 张丽，黄豪. 我国耕地保护政策存在问题剖析与对策建议[J]. 甘肃农业，2019（1）：75-77.

[8] 王会. 森林生态补偿理论与实践思考[J]. 中国国土资源经济，2019，32（7）：25-33，51.

[9] 龙克启. 基于固碳价值的多用途森林生态补偿机制研究[J]. 城市建设理论研究（电子版），2018（12）：183.

[10] 岳丽兴. 森林生态补偿机制若干重点问题研究[J]. 绿色科技，2015（9）：187，189.

[11] 刘兰兰，胡良文，彭泰中，等. 森林生态补偿绩效研究综述与展望[J]. 新疆农垦经济，2017（12）：79-87.

[12] 李国志. 森林生态补偿研究进展[J]. 林业经济，2019，41（1）：32-40.

[13] 方红卫. 湿地生态补偿及其运行机制[J]. 化工设计通讯，2018，44（8）：206.

[14] 段艺璇，林田苗，赵晓迪，等. 湿地生态补偿标准与模式研究进展[J]. 林业经济，2018，40（7）：76-81.

[15] 孙薇. 江西省湿地生态补偿机制探析[J]. 现代农业科技，2017（5）：213-215.

[16] 刘子刚，卫文斐，刘喆. 我国湿地生态补偿存在的问题及对策[J]. 湿地科学与管理，2015，11（4）：32-36.

[17] 梁增然. 湿地生态补偿制度建设研究[J]. 南京工业大学学报（社会科学版），2015，14（2）：48-54.

[18] 毕建培，刘晨，林小艳. 国内水流生态保护补偿实践及存在的问题[J]. 水资源保护，2019，35（5）：114-119.

附录1　2015年以来与生态补偿制度相关的政策文件

文件名称	时间	文号	相关内容
《关于加快推进生态文明建设的意见》	2015年4月	中发〔2015〕12号	健全生态保护补偿机制。科学界定生态保护者与受益者权利义务，加快形成生态损害者赔偿、受益者付费、保护者得到合理补偿的运行机制。结合深化财税体制改革，完善转移支付制度，归并和规范现有生态保护补偿渠道，加大对重点生态功能区的转移支付力度，逐步提高其基本公共服务水平。建立地区间横向生态保护补偿机制，引导生态受益地区与保护地区之间、流域上游与下游之间，通过资金补助、产业转移、人才培训、共建园区等方式实施补偿。建立独立公正的生态环境损害评估制度
《国务院关于印发水污染防治行动计划的通知》	2015年4月	国发〔2015〕17号	实施跨界水环境补偿。探索采取横向资金补助、对口援助、产业转移等方式，建立跨界水环境补偿机制，开展补偿试点

文件名称	时间	文号	相关内容
《关于贯彻实施国家主体功能区环境政策的若干意见》	2015 年 7 月	环发〔2015〕92 号	加大对禁止和限制开发区环境保护资金投入、财政转移支付、生态补偿力度，持续推进生态保护补偿及考核评价制；着眼于激励生态环境保护行为，制定和落实科学的生态补偿制度和专项财政转移支付制度，使保护者得到补偿与激励
《生态文明体制改革总体方案》	2015 年 9 月	中发〔2015〕25 号	完善生态补偿机制。探索建立多元化补偿机制，逐步增加对重点生态功能区转移支付，完善生态保护成效与资金分配挂钩的激励约束机制。制定横向生态补偿机制办法，以地方补偿为主，中央财政给予支持。鼓励各地区开展生态补偿试点，继续推进新安江水环境补偿试点，推动在京津冀水源涵养区、广西广东九洲江、福建广东汀江—韩江等开展跨地区生态补偿试点，在长江流域水环境敏感地区探索开展流域生态补偿试点
《关于健全生态保护补偿机制的意见》	2016 年 3 月	国办发〔2016〕31 号	政府主导、社会参与。发挥政府对生态环境保护的主导作用，加强制度建设，完善法规政策，创新体制机制，拓宽补偿渠道，通过经济、法律等手段，加大政府购买服务力度，引导社会公众积极参与。 健全生态保护市场体系，完善生态产品价格形成机制，使保护者通过生态产品的交易获得收益，发挥市场机制促进生态保护的积极作用
《贫困地区水电矿产资源开发资产收益扶贫改革试点方案》	2016 年 10 月	国办发〔2016〕73 号	按照“归属清晰、权责明确、群众自愿”的原则，合理确定以土地补偿费量化入股的农村集体土地数量、类型和范围，并将核定的土地补偿费作为资产入股试点项目，形成集体股权。入股资产应限于农村集体经济组织所有的耕地、林地、草地、未利用地等非建设用地的土地补偿费
《国务院办公厅关于完善集体林权制度的意见》	2016 年 11 月	国办发〔2016〕83 号	建立健全林权抵质押贷款制度，鼓励银行业金融机构积极推进林权抵押贷款业务，适度提高林权抵押率，推广“林权抵押+林权收储+森林保险”贷款模式和“企业申请、部门推荐、银行审批”运行机制，探索开展林业经营收益权和公益林补偿收益权市场化质押担保贷款

文件名称	时间	文号	相关内容
《“十三五”生态环境保护规划》	2016年12月	国发〔2016〕65号	加快建立多元化生态保护补偿机制。加大对重点生态功能区的转移支付力度，合理提高补偿标准，向生态敏感和脆弱地区、流域倾斜，推进有关转移支付分配与生态保护成效挂钩，探索资金、政策、产业及技术等多元互补方式。完善补偿范围，逐步实现森林、草原、湿地、荒漠、河流、海洋和耕地等重点领域和禁止开发区域、重点生态功能区等重要区域全覆盖。中央财政支持引导建立跨省域的生态受益地区和保护地区、流域上游与下游的横向补偿机制，推进省级区域内横向补偿。在长江、黄河等重要河流探索开展横向生态保护补偿试点。深入推进南水北调中线工程水源区对口支援、新安江水环境生态补偿试点，推动在京津冀水源涵养区、广西广东九洲江、福建广东汀江—韩江、江西广东东江、云南贵州广西广东西江等开展跨地区生态保护补偿试点。到2017年，建立京津冀区域生态保护补偿机制，将北京、天津支持河北开展生态建设与环境保护制度化
《关于加快建立流域上下游横向生态保护补偿机制的指导意见》	2016年12月	财建〔2016〕928号	科学选择补偿方式。流域上下游地区可根据当地实际需求及操作成本等，协商选择资金补偿、对口协作、产业转移、人才培训、共建园区等补偿方式。鼓励流域上下游地区开展排污权交易和水权交易
《全国国土规划纲要（2016—2030年）》	2017年2月	国发〔2017〕3号	建立健全生态保护补偿、资源开发补偿等区际利益平衡机制。逐步建立覆盖森林、草原、湿地、荒漠、海洋、水流、耕地等重点领域和禁止开发区域、重点生态功能区等重要区域的多元化生态保护补偿机制。推动地区间、流域上下游建立横向生态保护补偿机制，坚持谁受益、谁补偿的原则，探索开发地区对保护地区、生态受益区对生态保护区通过资金补助、产业转移、人才培训、园区共建等方式实施生态保护补偿。健全耕地保护补偿制度

文件名称	时间	文号	相关内容
《关于划定并严守生态保护红线的若干意见》	2017年2月	厅字〔2017〕2号	加大生态保护补偿力度。财政部会同有关部门加大对生态保护红线的支持力度，加快健全生态保护补偿制度，完善国家重点生态功能区转移支付政策。推动生态保护红线所在地区和受益地区探索建立横向生态保护补偿机制，共同分担生态保护任务
《长江经济带生态环境保护规划》	2017年7月	环规财〔2017〕88号	推进生态保护补偿。加大重点生态功能区、生态保护红线、森林、湿地等生态保护补偿力度。按照“谁受益谁补偿”的原则，探索上中下游开发地区、受益地区与生态保护地区横向生态保护补偿机制试点。继续推进新安江等流域生态保护补偿试点工作，根据跨界断面水质达标状况制定补偿标准，促进地方政府落实行政区域水污染防治责任。探索多元化补偿方式，将生态保护补偿与精准脱贫有机结合，通过资金补助、发展优势产业、人才培训、共建园区等方式，对因加强生态保护付出发展代价的地区实施补偿
党的十九大报告	2017年10月		建立市场化、多元化生态补偿机制
《关于全面深化价格机制改革的意见》	2017年11月	发改价格〔2017〕1941号	完善生态补偿价格和收费机制。按照“受益者付费、保护者得到合理补偿”原则，科学设计生态补偿价格和收费机制。完善涉及水土保持、渔业资源增殖保护、草原植被、海洋倾倒等资源环境有偿使用收费政策，科学合理制定收费办法、标准，增强收费政策的针对性、有效性。积极推动排污权、碳排放权、用能权、水权等市场交易，更好发挥市场价格对生态保护和资源节约的引导作用
《生态扶贫工作方案》	2018年1月	发改农经〔2018〕124号	不断完善转移支付制度，探索建立多元化生态保护补偿机制，逐步扩大贫困地区和贫困人口生态补偿受益程度

文件名称	时间	文号	相关内容
《中共中央 国务院关于实施乡村振兴战略的意见》	2018年2月	中发〔2018〕1号	建立市场化多元化生态补偿机制。落实农业功能区制度，加大重点生态功能区转移支付力度，完善生态保护成效与资金分配挂钩的激励约束机制。鼓励地方在重点生态区位推行商品林赎买制度。健全地区间、流域上下游之间横向生态保护补偿机制，探索建立生态产品购买、森林碳汇等市场化补偿制度。建立长江流域重点水域禁捕补偿制度。推行生态建设和保护以工代赈做法，提供更多生态公益岗位
《关于建立健全长江经济带生态补偿与保护长效机制的指导意见》	2018年2月	财预〔2018〕19号	充分引导发挥市场作用。各级财政部门要积极推动建立政府引导、市场运作、社会参与的多元化投融资机制，鼓励和引导社会力量积极参与长江经济带生态保护建设。研究实行绿色信贷、环境污染责任保险政策，探索排污权抵押等融资模式，稳定生态环保 PPP 项目收入来源及预期，加大政府购买服务力度，鼓励符合条件的企业和机构参与中长期投资建设。探索推广节能量、流域水环境、湿地、碳排放权交易、排污权交易和水权交易等生态补偿试点经验，推行环境污染第三方治理，吸引和撬动更多社会资本进入生态文明建设领域
《长江保护修复攻坚战行动计划》	2018年12月	环水体〔2018〕181号	完善流域生态补偿。健全长江流域生态补偿机制，深入实施长江经济带生态保护修复奖励政策，进一步加大中央财政支持长江经济带及源头地区生态补偿资金投入，推进沿江 11 省市实施市场化、多元化的横向生态补偿。实行国家重点生态功能区转移支付资金与补偿地区生态环境保护绩效挂钩。沿江 11 省市加快建立行政区域内与水生态环境质量挂钩的财政资金奖惩机制
《建立市场化、多元化生态保护补偿机制行动计划》	2018年12月	发改西部〔2018〕1960号	积极推进市场化、多元化生态保护补偿机制建设
《生态综合补偿试点方案》	2019年11月	发改振兴〔2019〕1793号	在全国选择 50 个试点县开展生态综合补偿工作

附录 2　2019 年生态补偿政策汇总

1　生态综合补偿试点方案

国家发展改革委关于印发《生态综合补偿试点方案》的通知

（发改振兴〔2019〕1793 号）

安徽省、福建省、江西省、海南省、四川省、贵州省、云南省、西藏自治区、甘肃省、青海省发展改革委：

为贯彻落实党中央、国务院的决策部署，进一步健全生态保护补偿机制，提高资金使用效益，特制定《生态综合补偿试点方案》。现印发给你们，请结合实际认真贯彻落实。

国家发展改革委

2019 年 11 月 15 日

生态综合补偿试点方案

近年来，我国生态补偿资金渠道不断拓宽，资金规模有所增加，但仍存在资金来源单一、使用不够精准、激励作用不强等突出问题。为进一步完善生态保护补偿机制，按照《国务院办公厅关于健全生态保护补偿机制的意见》（国办发〔2016〕31号）等有关文件要求和2019年中央经济工作会议的部署，开展生态综合补偿试点，特制定本方案。

一、总体要求

（一）指导思想

以习近平新时代中国特色社会主义思想为指导，全面贯彻党的十九大和十九届二中、三中、四中全会精神，牢固树立新发展理念，以维护国家生态安全、加快美丽中国建设为目标，以完善生态保护补偿机制为重点，以提高生态补偿资金使用整体效益为核心，在全国选择一批试点县开展生态综合补偿工作，创新生态补偿资金使用方式，拓宽资金筹集渠道，调动各方参与生态保护的积极性，转变生态保护地区的发展方式，增强自我发展能力，提升优质生态产品的供给能力，实现生态保护地区和受益地区的良性互动。

（二）基本原则

先行先试，稳步推进。生态综合补偿试点工作涉及多方利益格局调整，要按照“先易后难、重点突破、试点先行、稳妥推进”的要求，扎实做好生态综合补偿试点工作，积累形成一批可复制、可推广的经验，为做好全国生态补偿工作奠定坚实基础。

改革创新，提升效益。鼓励地方从实际出发，因地制宜、自主创新、积极探索，破除现有的体制机制障碍，加快形成灵活多样、可操作性强、切实有效的补偿方式。加强制度设计，完善配套政策，优化生态补偿资金的使用，实现由“输血式”补偿向“造血式”补偿转变。

压实责任，形成合力。地方要加强统筹协调，明确各部门职责，及时解决突出问题，把试点工作的各项任务落到实处。要引导企业、公众、社会组织积极参与试点工作，充分发挥各方优势，形成全社会协调推进生态保护的良好氛围。

（三）工作目标

到 2022 年，生态综合补偿试点工作取得阶段性进展，资金使用效益有效提升，生态保护地区造血能力得到增强，生态保护者的主动参与度明显提升，与地方经济发展水平相适应的生态保护补偿机制基本建立。

二、试点任务

（一）创新森林生态效益补偿制度

对集体和个人所有的二级国家级公益林和天然商品林，要引导和鼓励其经营主体编制森林经营方案，在不破坏森林植被的前提下，合理利用其林地资源，适度开展林下种植养殖和森林游憩等非木质资源开发与利用，科学发展林下经济，实现保护和利用的协调统一。要完善森林生态效益补偿资金使用方式，优先将有劳动能力的贫困人口转成生态保护人员。

（二）推进建立流域上下游生态补偿制度

推进流域上下游横向生态保护补偿，加强省内流域横向生态保护补偿试点工作。完善重点流域跨省断面监测网络和绩效考核机制，对纳入横向生态保护补偿试点的流域开展绩效评价。鼓励地方探索建立资金补偿之外的其他多元化合作方式。

（三）发展生态优势特色产业

按照空间管控规则和特许经营权制度，在严格保护生态环境的前提下，鼓励和引导地方以新型农业经营主体为依托，加快发展特色种养业、农产品加工业和以自然风光和民族风情为特色的文化产业和旅游业，实现生态产业化和产业生态化。支持龙头企业发挥引领示范作用，建设标准化和规模化的原料生产基地，带动农户和农民合作社发展适度规模经营。

（四）推动生态保护补偿工作制度化

出台健全生态保护补偿机制的规范性文件，明确总体思路和基本原则，厘清生态保护补偿主体和客体的权利义务关系，规范生态补偿标准和补偿方式，明晰资金筹集渠道，不断推进生态保护补偿工作制度化和法制化，为从国家层面出台生态补偿条例积累经验。

三、工作程序

（一）确定生态综合补偿试点县

在国家生态文明试验区、西藏及四省藏区、安徽省，选择 50 个县

（市、区）开展生态综合补偿试点（具体省份及试点县名额见附件）。试点县应在全国重点生态功能区范围内，优先选择集中连片特困地区和生态保护补偿工作基础较好的地区。省级发展改革委按照确定的名额和要求做好试点县的筛选工作，在本方案印发 1 个月内，将试点县名单及选择依据报国家发展改革委。国家发展改革委根据上报材料，印发生态综合补偿试点县名单。

（二）报送生态综合补偿实施方案

省级发展改革委组织各试点县结合本地实际编制实施方案，系统梳理和总结现阶段生态保护补偿资金的使用情况和问题，按照因地制宜、有所侧重的原则，确定本地试点任务重点，研究提出创新生态补偿方式的主要思路和政策措施，明确开展生态综合补偿试点的主要目标和重点工作，在试点名单印发 3 个月内将实施方案报国家发展改革委。

（三）做好试点工作的组织

各试点县人民政府是试点工作的实施主体，要明确部门工作职责，做好试点政策宣讲和工作督导，确保试点工作稳妥有序推进。要建立试点工作领导小组，做好试点的组织协调，研究解决突出问题。要及时总结生态综合补偿试点经验，每年向省级发展改革委报送有关情况。要做好试点工作风险防控，制定风险预估预判方案，建立健全风险防控机制。

（四）多渠道筹集资金加大对试点工作的支持

生态保护与建设中央预算内投资要将试点县作为安排重点，与相关领域生态补偿资金配合使用，共同支持试点县提升生态保护能力和水平。要进一步加大对西藏及四省藏区试点县的支持力度，尽快增强区域发展的内生动力。加强与国开行、农发行、亚行、世行等国内、国际金融机构的沟通与对接，推广产业链金融模式，加大对特色产业发展的信贷支持。

四、保障措施

（一）加强组织领导

有关省（区、市）人民政府要高度重视生态综合补偿试点工作，省级发展改革委要牵头做好试点工作，及时协调解决试点中的突出问题，定期向国家发展改革委报送试点情况，确保本省（区、市）生态综合补偿试点工作稳妥有序推进。省级自然资源、生态环境、水利、农业农村、林草等行业主管部门要加强对试点工作的业务指导，进一步加大政策、资金和项目的支持力度。国家发展改革委要加强政策协调，定期召开生态保护补偿部际联席会议，统筹研究解决生态综合补偿工作中的重大问题，协调有关部门共同加强对生态综合补偿试点工作的指导。

（二）做好试点评估

省级发展改革委要加强对试点工作的动态跟踪和工作督导，组织试点县定期上报进展情况，研究落实支持政策措施。要引入第三方对生态综合补偿试点工作的进展情况进行绩效评估，并将评估结果作为中央资金安排的重要依据。国家发展改革委在试点结束后，系统总结各地试点经验和成效，形成生态综合补偿试点工作总结报告和政策建议，上报国务院。

（三）加强宣传引导

加强生态综合补偿试点政策解读和舆论引导，统一各方思想认识，及时回应社会关切。通过召开现场会、新闻发布会、展览展示等形式，利用报刊、网络、广播、电视等媒介，宣传推广各地的好经验好做法，充分发挥试点示范效应。积极引导各类社会主体参与生态补偿工作，营造全社会投身生态保护工作的良好氛围。

附件：

生态综合补偿试点省份及试点县名额

序号	省份	试点县名额
1	安徽	5
2	福建	5
3	江西	5
4	海南	5
5	四川	5
6	贵州	5
7	云南	5
8	西藏	5
9	甘肃	5
10	青海	5

2 天津市生态环境保护条例

天津市生态环境保护条例

第一章 总 则

第一条 为了保护和改善生态环境，防治污染和其他公害，保障公众健康，推进生态文明建设，促进经济社会可持续发展，根据《中华人民共和国环境保护法》《全国人民代表大会常务委员会关于全面加强生态环境保护依法推动打好污染防治攻坚战的决议》和其他有关法律、行政法规，结合本市实际情况，制定本条例。

第二条 本条例适用于本市行政区域和管辖海域内的生态环境保护及其监督管理活动。

第三条 本市生态环境保护坚持人与自然和谐共生，践行绿水青山就是金山银山的理念，贯彻节约优先、保护优先、自然恢复为主的方针，坚持预防为主、综合治理、公众参与、损害担责的原则，统筹山水林田湖草系统治理，实行最严格的生态环境保护制度，建设绿色发展示范城市，开展区域污染协同防治，不断满足人民日益增长的优美生态环境需要。

第四条 本市按照国家有关规定确定生态保护红线、环境质量底线、资源利用上线，制定生态环境准入清单，在地方立法、政策制定、规划编制、项目建设、执法监管中，不得变通突破、降低标准。

第五条 各级人民政府应当对本行政区域的生态环境质量负责，组织落实生态环境保护目标和任务，采取有效措施，保障生态环境安全，持续改善本行政区域生态环境质量。

第六条 市和区生态环境主管部门对本行政区域的生态环境保护工作实施统一监督管理。

乡镇人民政府、街道办事处应当明确承担生态环境保护责任的机构和人员，落实生态环境保护相关职责。

发展改革、工业和信息化、规划和自然资源、住房城乡建设、城市管理、水务、农业农村等有关部门，按照各自职责做好生态环境保护相关监督管理工作。

第七条 各级人民政府应当加大保护和改善生态环境、防治污染和其他公害的财政投入，并纳入本级财政预算。

鼓励和引导民间资本和社会资金参与生态环境保护，建立、健全多元化的生态环境保护投资融资机制，推行有利于生态环境保护的经济政策。

第八条 支持和推进生态环境保护科学技术研究、开发和应用，鼓励生态环境保护产业发展，加强生态环境保护信息化建设，提高生态环境保护科学技术水平。

第九条 各级人民政府及有关部门应当加强生态环境保护宣传和普及工作，提高公众的生态环境保护意识，营造保护生态环境的良好风气。

教育行政部门、学校应当将生态环境保护知识纳入学校教育内容，培养学生的生态环境保护意识。

各类媒体应当开展生态环境保护法律法规和生态环境保护知识的宣传，对生态环境违法行为进行舆论监督。

第十条 任何单位和个人都有保护生态环境的义务。

企业事业单位和其他生产经营者应当防止、减少环境污染和生态破坏，对所造成的损害依法承担责任。

公民应当增强生态环境保护意识，采取绿色、低碳、节俭的生活方式，自觉履行生态环境保护义务。

第十一条 市和区人民政府应当对保护和改善生态环境作出突出贡献的单位和个人给予奖励。

第二章 监督管理

第十二条 市和区人民政府应当将生态环境保护工作纳入国民经济和社会发展规划。

市和区生态环境主管部门应当会同有关部门，根据国家生态环境保护规划的要求，组织编制本行政区域的生态环境保护规划，报本级人民政府批准后公布实施。

生态环境保护规划的调整和修改，应当按照法定程序进行，任何单位和个人不得擅自变更。

第十三条 生态环境主管部门应当按照生态环境保护规划拟定生态环境保护实施方案，分年度确定生态环境保护目标和任务，并推动落实。

第十四条 对国家环境质量标准和国家污染物排放标准中未作规定的项目，本市可以制定地方标准；对国家环境质量标准和国家污染物排放标准中已作规定的项目，本市可以制定严于国家标准的地方标准，并报国务院生态环境主管部门备案。

第十五条 建立、健全生态环境监测制度。市生态环境主管部门会同有关部门组织建设和完善本市生态环境监测网络，建立、健全环境资源承载能力监测预警机制和监测数据共享机制，依法加强对生态环境监测工作的监督管理。

第十六条 市和区生态环境监测机构的监测数据、污染源自动监测数据以及生态环境主管部门委托的具有相应资质的社会生态环境监测机构出具的监测数据，可以作为环境执法和管理的依据。

生态环境监测机构应当对其监测数据的真实性、准确性负责。

第十七条 编制有关开发利用规划，建设对生态环境有影响的项目，应当依法进行环境影响评价。

未依法进行环境影响评价或者审查后未予批准的开发利用规划，不得组织实施；未依法进行环境影响评价的建设项目，不得开工建设。

第十八条 建设项目需要配套建设的环境保护设施，应当与主体工程同时设计、同时施工、同时投产使用。编制环境影响报告书、环境影响报告表的建设项目，其配套建设的环境保护设施未经验收或者验收不合格的，主体工程不得投入生产或者使用。

第十九条 实施重点污染物排放总量控制。市人民政府按照国务院的规定削减和控制本市重点污染物排放总量。

市生态环境主管部门根据重点污染物排放总量控制指标和本市环境质量状况及经济社会发展水平，组织拟定本市重点污染物排放总量控制指标分解落实计划，报市人民政府批准后，由市生态环境主管部门组织实施。

区生态环境主管部门根据本市重点污染物排放总量控制指标分解落实计划，拟定本行政区域重点污染物排放总量控制实施方案，经区人民政府批准并报市生态环境主管部门备案后，由区生态环境主管部门组织实施。

市人民政府可以根据本市环境质量状况和污染防治工作的需要，对重点污染物之外的其他污染物排放实行总量控制。

第二十条 对超过重点污染物排放总量控制指标或者未完成国家确定的环境质量目标的区域，市和区生态环境主管部门应当暂停审批该区域新增重点污染物排放总量的建设项目环境影响评价文件。

第二十一条 市和区生态环境主管部门根据国家有关规定，分别确定市级、区级重点排污单位名录，并向社会公布。

第二十二条 本市依照法律规定实行排污许可管理制度。

实行排污许可管理的企业事业单位和其他生产经营者，应当按照国家和本市有关规定向所在地的区排污许可证核发机关申请核发排污许可证，并按照排污许可证载明的污染物种类、许可排放浓度、许可排放量、排放方式和排放去向等要求排放污染物。应当取得排污许可证而未取得的，不得排放污染物。

第二十三条 市人民政府建立环境监察制度，对市人民政府有关部门和区人民政府执行生态环境保护法律法规情况和环境质量责任落实情况等开展日常监察和专项督察。

第二十四条 实行环境保护目标责任制和考核评价制度。

市人民政府应当将环境保护目标完成情况纳入对市人民政府负有生态环境保护监督管理职责的部门及其负责人和区人民政府及其负责人的考核评价内容，考核结果向社会公开。

实行领导干部自然资源资产离任审计和生态环境损害责任终身追究制。

第二十五条 市和区人民政府应当每年向本级人民代表大会或者人民代表大会常务委员会报告环境状况和环境保护目标完成情况，对发生的重大环境事件应当及时向本级人民代表大会常务委员会报告，依法接受监督。

第二十六条 有下列情形之一的区，市生态环境主管部门应当约谈该区人民政府主要负责人，并将约谈情况向社会公开：

（一）超过重点污染物排放总量控制指标的；

（二）未完成环境质量改善目标的；

（三）法律、法规规定应当约谈的其他情形。

有上述情形之一的乡镇或者街道，区生态环境主管部门约谈该乡镇人民政府或者街道办事处的主要负责人，并将约谈情况向社会公开。

第二十七条 企业事业单位和其他生产经营者应当配合生态环境主管部门和其他负有生态环境保护监督管理职责的部门实施现场检查。被检查者应当如实反映情况，提供必要的资料。禁止以围堵、滞留执法人员或者拖延等方式拒绝、阻挠监督检查，或者在接受监督检查时弄虚作假。

实施现场检查的部门、机构及其工作人员应当为被检查者保守商业秘密。

第二十八条 市生态环境主管部门应当建立信息平台，其他负有生态环境保护监督管理职责的部门应当将本领域的生态环境保护信息按照规定向信息平台归集，并实现信息共享。

第三章 保护和改善生态环境

第二十九条 本市划定永久性保护生态区域，在滨海新区与中心城区中间地带加强规划管控、建设绿色生态屏障，对生态环境实行严格保护。

在重点海洋生态功能区、生态环境敏感区和脆弱区等海域划定生态保护红线，加强海洋生态环境保护。

第三十条 根据国家规定建立、健全生态保护补偿制度。市和相关区人民政府应当落实生态保护补偿资金，加大对重点生态保护区域的补偿力度。

受益地区和生态保护地区人民政府可以通过协商或者按照市场规

则等方式进行生态保护补偿。

第三十一条 加强自然保护区等各类自然保护地的管理和保护，禁止破坏自然保护区等各类自然保护地的生态环境。

第三十二条 优先保护饮用水水源，加强对引滦入津、南水北调及其他水源保护，按照国家有关规定划定饮用水水源保护区，实施水源地生态修复，确保饮用水安全。

第三十三条 加强湿地生态系统保护，建立湿地分级体系，规范湿地用途，对重要湿地实施名录管理。坚持自然恢复与人工修复相结合，对退化湿地进行修复。

第三十四条 各级人民政府应当加强生物多样性保护，依法保护野生动植物，禁止从事非法猎捕、杀害、采伐、采集、加工、收购、出售野生动植物等活动。

加强生物安全管理，防止境外有害生物物种进入，并对入侵的有害生物物种采取措施，严防扩散。研究、开发和利用生物技术，应当采取措施防止对生物多样性的破坏。

第三十五条 严格执行国家产业政策和准入标准，实行生态环境准入清单制度，禁止新建、扩建高污染项目。

严格执行国家关于淘汰严重污染生态环境的产品、工艺、设备的规定，推动落后产能退出。

第三十六条 本市采取财政、价格、政府采购等方面的政策和措施，鼓励和支持企业对产品设计、原材料采购、制造、包装、销售、物流、回收和再利用等环节实施绿色改造，提高资源、能源利用效率，提升全产业链的污染预防和控制水平。

第三十七条 市和区人民政府应当采取措施优先发展公共交通，倡导和鼓励公众选择公共交通等绿色出行方式。

交通运输、城市管理、邮政等行政管理部门应当推动公共交通、环卫、邮政、快递、物流等行业机动车船清洁能源替代工作。国家机关和使用财政资金的其他组织应当优先使用新能源或者清洁能源机动车船。

第三十八条 国家机关和使用财政资金的其他组织应当优先采购和使用节能、节水、节材等有利于节约资源、保护生态环境的产品、设备和设施。

第三十九条 宾馆、商场、餐饮、洗浴等服务性企业应当采用有利于保护生态环境和资源循环利用的产品，引导消费者减少使用一次性用品。

第四十条 市和区人民政府及其有关部门应当采取措施，组织对生活垃圾进行分类投放、分类收集、分类运输、分类处置和回收利用，促进生活垃圾减量化、资源化和无害化。

公共机构，宾馆、饭店等相关企业，居民社区等应当按照规定对生活垃圾进行分类投放，减少生活垃圾对生态环境的损害。

鼓励和引导居民分类投放生活垃圾。

第四十一条 鼓励基层群众性自治组织、社会组织通过组织居民开展捐赠、义卖、置换等活动，推动居民闲置物品的再利用。

第四章 防治污染和其他公害

第四十二条 本市坚持全民共治、源头防控，加强水、气、声、渣、光等环境污染要素治理，防治大气、水、土壤、海洋等污染，保障生态环境安全。

第四十三条 加强大气环境保护，以产业结构调整、能源结构调整、运输结构调整和空间布局调整为重点，深化燃煤、工业、机动车船、扬尘和建设项目污染防治，推动大气环境质量持续改善。

第四十四条 加强水环境保护，预防、控制和减少工业废水、城镇和农村污水、农业种植养殖对地表水体、地下水体和海域的污染，改善水环境质量。

第四十五条 加强土壤环境保护，开展土壤污染的预防、风险管控和修复工作，重点保护未污染土壤，推动土壤资源永续利用。

第四十六条 预防和治理工业生产、建筑施工、交通运输和社会生活中所产生的环境噪声污染，保护和改善生活、生产环境，保障人体健康。

第四十七条 加强海洋环境保护，向海洋排放污染物、倾倒废弃物，进行海岸工程和海洋工程建设，船舶航行、停泊及有关作业活动，应当符合法律法规规定和有关标准，防止和减少对海洋生态环境的污染损害。

第四十八条 各级人民政府及农业农村等有关部门应当指导农业生产经营者科学合理施用农药、化肥等农业投入品，科学处置农用薄膜、农作物秸秆等农业废弃物，防止农业面源污染。

禁止将不符合农用标准和环境保护标准的固体废物、废水施入农田。施用农药、化肥等农业投入品及进行灌溉，应当采取措施，防止重金属和其他有毒有害物质污染生态环境。

畜禽养殖场、养殖小区、定点屠宰企业等的选址、建设和管理应当符合有关法律法规规定。从事畜禽水产养殖、屠宰的单位和其他生产经营者应当采取措施，对畜禽粪便、尸体和污水等废弃物进行科学处置，防止污染生态环境。

第四十九条 排放污染物的企业事业单位和其他生产经营者应当采取措施，防治在生产建设或者其他活动中产生的废气、废水、废渣、医疗废物、粉尘、恶臭气体、放射性物质以及噪声、振动、光辐射、电磁辐射等对生态环境的污染和危害。

排放污染物的企业事业单位应当建立生态环境保护责任制度，明确单位负责人和相关人员的责任。

第五十条 排放污染物的企业事业单位和其他生产经营者，应当按照国家和本市有关规定设置规范化排污口，严禁通过暗管、渗井、渗坑、灌注等方式违法排放污染物。

第五十一条 排放污染物的企业事业单位和其他生产经营者应当对监测数据的完整性、真实性和准确性负责。企业事业单位和其他生产经营者，或者其委托的生态环境监测机构、从事环境监测设备和污染防治设施维护运营的机构，不得有下列篡改、伪造监测数据的行为：

（一）对污染源监控系统进行删除、修改、增加、干扰，或者对污染源监控系统中存储、处理、传输的数据和应用程序进行删除、修改、增加，造成污染源监控系统不能正常运行的；

（二）破坏、损毁监控仪器站房、通讯线路、信息采集传输设备、视频设备、电力设备、空调、风机、采样泵及其他监控设施的，以及破坏、损毁监控设施采样管线，破坏、损毁监控仪器、仪表的；

（三）在自动监测点位采取稀释、投放药剂以及其他方式干扰监测数据的；

（四）在人工监测过程中篡改、伪造、销毁原始记录，或者故意操纵、干扰、干预监测活动的；

（五）其他篡改、伪造监测数据的。

第五十二条 排放污染物的企业事业单位和其他生产经营者，应当安装污染防治设施并保持污染防治设施的正常使用，不得以下列不正常运行污染防治设施的方式违法排放污染物：

（一）将部分或者全部污染物不经过处理设施直接排放的；

（二）非紧急情况下开启污染物处理设施的应急排放阀门，将部分或者全部污染物直接排放的；

（三）将未经处理的污染物从污染物处理设施的中间工序引出直接排放的；

（四）在生产经营或者作业过程中，停止运行污染物处理设施的；

（五）违反操作规程使用污染物处理设施，致使处理设施不能正常发挥处理作用的；

（六）污染物处理设施发生故障后，排污单位不及时或者不按照规程进行检查和维修，致使处理设施不能正常发挥处理作用的；

（七）其他不正常运行污染防治设施违法排放污染物的。

企业事业单位和其他生产经营者应当如实记录污染防治设施的运行、维修、更新和污染物排放等情况。

第五十三条 企业事业单位和其他生产经营者拆除或者停用污染防治设施，应当提前十日向所在地的区生态环境主管部门报告，说明拆除或者停用理由。对经采取其他措施污染物排放能够达到规定要求的，区生态环境主管部门应当自接到报告之日起十日内予以批复。

污染防治设施因异常情况影响处理效果或者因故障、不可抗力等紧急情况停运的，企业事业单位和其他生产经营者应当停运排放相应污染物的生产设施，采取应急措施，并在十二小时内向生态环境主管部门报告，生态环境主管部门应当立即赴现场核实处理。

第五十四条 重点排污单位应当按照国家和本市有关规定安装自动监测设备并组织验收。自动监测设备应当与生态环境主管部门的监控设备联网，并保证正常运行。

自动监测设备出现故障，重点排污单位应当于故障发生后十二小时内向所在地的区生态环境主管部门书面报告。自动监测设备不能正常运行期间，重点排污单位应当按照有关规定采取人工监测的方式进行监测，并向所在地的区生态环境主管部门报送监测数据。

第五十五条 重点排污单位应当按照规定向社会公开自动监测数据和人工监测数据，并建立监测数据档案，原始监测记录应当至少保存三年。

第五十六条 产生固体废物的单位和个人，应当采取措施，防止或者减少固体废物对生态环境的污染，不得擅自倾倒、堆放、丢弃、遗撒固体废物。

第五十七条 产生危险废物的单位，应当按照国家有关规定制定危险废物管理计划，并报所在地的区生态环境主管部门备案。

产生危险废物的单位，应当向所在地的区生态环境主管部门申报危险废物的种类、产生量、流向、贮存、利用、处置等有关资料。

产生危险废物的单位应当如实填写危险废物台账，台账应当至少保存五年。

第五十八条 从事收集、贮存、利用、处置危险废物经营活动的单位贮存危险废物，应当采取符合国家环境保护标准的防护措施，并不得超过一年；确需延长期限的，应当报经原批准经营许可证的生态环境主管部门批准；法律、行政法规另有规定的除外。

产生危险废物的单位应当按照有关规定贮存、利用、处置危险废物，贮存危险废物不得超过六个月。确需延长期限的，应当报经所在地的区生态环境主管部门批准；法律、行政法规另有规定的除外。

第五十九条 本市限制高油耗、高排放的机动车船、非道路移动机械的使用。

市人民政府可以根据大气环境质量状况，划定并公布禁止使用高排放非道路移动机械的区域。

第六十条 市人民政府应当依据重污染天气的预警等级，及时启动应急预案并向社会公布。市人民政府有关部门和区人民政府根据应急预案可以采取责令有关企业停产或者限产、限制部分机动车行驶、停止工地土石方作业和建筑物拆除施工、停止露天烧烤、停止幼儿园和学校组织的户外活动、组织开展人工影响天气作业等应急措施。

企业事业单位和其他生产经营者在重污染天气应急响应期间，应当按照应急预案的要求采取停产、限产等应急措施。

第六十一条 市和区人民政府及其有关部门和企业事业单位，应当依法做好突发环境事件的风险控制、应急准备、应急处置和事后恢复等工作。

企业事业单位应当按照生态环境主管部门的要求开展突发环境事件风险评估，对环境风险和环境安全隐患进行排查，并制定相应的风险防控措施和应急预案。

企业事业单位造成或者可能造成突发环境事件时，应当立即启动应急预案，采取切断或者控制污染源以及其他防止危害扩大的必要措施，及时通报可能受到危害的单位和居民，并向生态环境主管部门和有关部门报告。

第六十二条 鼓励和支持企业事业单位和其他生产经营者投保环境污染责任保险。

第五章 信息公开和公众参与

第六十三条 市生态环境主管部门应当定期发布环境状况公报。

生态环境主管部门和其他负有生态环境保护监督管理职责的部门，应当依法公开环境质量、环境监测、突发环境事件及环境行政许可、行政处罚等信息。

生态环境主管部门和其他负有生态环境保护监督管理职责的部门，应当将被查处排污单位的违法行为及行政处罚结果纳入信用信息共享平台和市场主体信用信息公示系统。

第六十四条 重点排污单位应当通过信息平台，按照国家有关规定公开排污信息、污染防治设施的建设和运行情况、建设项目环境影响评价及其他环境保护行政许可情况、突发环境事件应急预案等环境信息，接受社会监督。重点排污单位还应当公开其环境自行监测方案。

第六十五条 公民、法人和其他组织依法享有获取生态环境信息、参与和监督生态环境保护的权利，有权举报生态环境违法行为。经查证属实的，按照有关规定对举报人给予奖励。

公民、法人和其他组织发现本市各级人民政府、生态环境主管部门和其他负有生态环境保护监督管理职责的部门不依法履行职责的，有权向其上级机关或者监察机关举报。

接受举报的部门应当对举报人的相关信息予以保密，保护举报人的合法权益。

第六十六条 鼓励基层群众性自治组织、环境保护志愿者及社会组织开展生态环境保护宣传，参与生态环境教育、环保科普和生态保护实践，倡导绿色生活方式，推动环境信息公开，监督生态环境违法行为。

鼓励和支持符合法律规定的社会组织依法提起环境公益诉讼。

第六章 区域污染协同防治

第六十七条 本市与北京市、河北省及周边地区建立污染防治联动协作机制，定期协商区域污染防治重大事项，开展生态环境保护联合检查、联动执法，共同做好区域污染治理和生态环境保护工作。

第六十八条 市人民政府应当会同北京市、河北省及周边省级人民政府建立应急联动机制，及时通报重污染天气、环境污染事故等预警和应急响应的有关信息，并可根据需要，商请有关省市人民政府采取相应的应对措施。

第六十九条 本市建立、健全与北京市、河北省及周边地区的跨区域、跨流域横向生态保护补偿机制，共同推进区域协调发展。

第七十条 本市应当加强与北京市、河北省及周边地区的污染防治科研合作，组织开展环境污染成因、溯源和污染防治政策、标准、措施等重大问题的联合科研，开展区域性、流域性生态环境问题研究，推进节能减排、污染排放、产业准入和退出等方面环境标准的统一。

第七十一条 鼓励和支持本市与北京市、河北省接壤的相关区，与北京市、河北省相关地区建立定期会商、联动执法、信息共享等机制，联合排查与处置跨区域、跨流域的重点污染企业、环境污染行为、生态环境违法案件或者突发环境事件。

第七章　法律责任

第七十二条 违反本条例规定的行为，法律或者行政法规已有行政处罚规定的，从其规定；违反刑法规定构成犯罪的，依法追究刑事责任。

第七十三条 本市各级人民政府、生态环境主管部门和其他负有生态环境保护监督管理职责的部门在生态环境保护工作中，有滥用职权、玩忽职守、徇私舞弊行为的，对直接负责的主管人员和其他直接责任人员依法给予处分。

第七十四条 违反本条例规定，企业事业单位和其他生产经营者通过暗管、渗井、渗坑、灌注或者篡改、伪造监测数据，或者不正常运行污染防治设施等逃避监管的方式违法排放污染物的，由生态环境主管部门责令改正或者责令限制生产、停产整治，并处十万元以上一百万元以下的罚款；情节严重的，报经有批准权的人民政府批准，责令停业、关闭。

第七十五条 生态环境监测机构、从事环境监测设备和污染防治设施维护运营的机构篡改、伪造监测数据或者出具虚假监测报告的，由生态环境主管部门责令改正，并处十万元以上五十万元以下的罚款；情节严重的，移送相关资质认定部门撤销其资质认定证书。

第七十六条 违反本条例规定，污染防治设施因异常情况影响处理效果或者因故障、不可抗力等紧急情况停运，未停运排放相应污染物的生产设施、未采取应急措施或者未按照规定报告的，由生态环境主管部门责令改正，并处一万元以上十万元以下的罚款。

第七十七条 违反本条例规定，有下列行为之一的，由生态环境主管部门责令改正，并处二万元以上二十万元以下的罚款；拒不改正的，责令停产整治：

（一）未按照规定安装自动监测设备，或者未与生态环境主管部门的监控设备联网的；

（二）未按照规定完成自动监测设备验收的；

（三）不正常运行自动监测设备的；

（四）未按照规定向社会公开监测数据的；

（五）未按照规定保存原始监测记录的。

第七十八条 违反本条例规定，未如实填写危险废物台账，或者未按照规定保存危险废物台账的，由生态环境主管部门责令改正，并处五万元以上二十万元以下的罚款。

第七十九条 违反本条例规定，从事收集、贮存、利用、处置危险废物经营活动的单位未经批准贮存危险废物超过一年的，由生态环境主管部门责令改正，并处五万元以上二十万元以下的罚款。

违反本条例规定，产生危险废物的单位未经批准贮存危险废物超过六个月的，由生态环境主管部门责令限期改正；逾期不改正的，处五万元以上二十万元以下的罚款。

第八十条 违反本条例规定，在禁止区域使用高排放非道路移动机械的，由生态环境主管部门责令改正，并处五万元以上二十万元以下的罚款。

第八十一条 违反本条例规定，拒不执行停产或者限产、停止工地土石方作业或者建筑物拆除施工等重污染天气应急措施的，由负有相应生态环境保护监督管理职责的部门责令改正，并处一万元以上十万元以下的罚款。拒不执行机动车管控措施的，由公安机关依照有关规定予以处罚。

第八十二条 企业事业单位和其他生产经营者有下列行为之一，受到罚款处罚，被责令改正拒不改正的，依法作出处罚决定的行政主管部门可以自责令改正之日的次日起，按照原处罚数额按日连续处罚：

（一）未依法取得排污许可证排放污染物的；

（二）超过污染物排放标准或者超过重点污染物排放总量控制指标排放污染物的；

（三）通过暗管、渗井、渗坑、灌注或者篡改、伪造监测数据，或者不正常运行污染防治设施等逃避监管的方式违法排放污染物的；

（四）法律、法规规定的其他实施按日连续处罚的行为。

存在按日连续处罚情形的，作出行政处罚决定的行政主管部门应当约谈排污单位的主要负责人，并将约谈情况向社会公开。

第八十三条 企业事业单位和其他生产经营者有下列行为之一，尚不构成犯罪的，除按照有关法律、法规规定予以处罚外，由生态环境主管部门或者其他有关部门将案件移送公安机关，并由公安机关对其直接负责的主管人员和其他直接责任人员依照环境保护法的规定予以拘留：

（一）建设项目未依法进行环境影响评价，被责令停止建设，拒不执行的；

（二）未依法取得排污许可证排放污染物，被责令停止排污，拒不执行的；

（三）通过暗管、渗井、渗坑、灌注或者篡改、伪造监测数据，或者不正常运行污染防治设施等逃避监管的方式违法排放污染物的；

（四）生产、使用国家明令禁止生产、使用的农药，被责令改正，拒不改正的。

第八章　附　则

第八十四条　本条例自 2019 年 3 月 1 日起施行。1994 年 11 月 30 日天津市第十二届人民代表大会常务委员会第十二次会议通过，2004 年 12 月 21 日天津市第十四届人民代表大会常务委员会第十六次会议、2010 年 9 月 25 日天津市第十五届人民代表大会常务委员会第十九次会议和 2017 年 11 月 28 日天津市第十六届人民代表大会常务委员会第三十九次会议修正的《天津市环境保护条例》同时废止。

3 无锡市生态补偿条例

无锡市生态补偿条例

第一条 为了推进生态补偿制度化、规范化，促进生态保护和治理，提升生态文明建设水平，根据有关法律、法规，结合本市实际，制定本条例。

第二条 本市行政区域内开展生态补偿活动，适用本条例。

本条例所称生态补偿，是指通过财政转移支付等方式，对因承担生态保护责任而使经济发展受到一定限制的区域内有关组织和个人给予补偿的活动。

第三条 生态补偿应当遵循政府主导、社会参与，公平合理、权责一致，统筹兼顾、均衡发展的原则。

第四条 市、县级市、区人民政府应当将生态补偿工作纳入国民经济和社会发展年度计划，健全生态补偿配套制度体系，形成生态补偿稳定投入机制，完善生态补偿考核评价制度。

市、县级市、区人民政府应当建立生态补偿工作联席会议制度，协调解决生态补偿工作中的重大问题。

第五条 市、县级市、区人民政府确定的生态补偿统筹协调部门负责本行政区域内生态补偿的综合协调工作。

财政部门负责组织生态补偿资金的预算编制执行、监督检查和重点项目绩效评价工作。

自然资源、农业农村、生态环境等部门负责职能范围内生态补偿的申报审核、跟踪评价等具体行业管理工作。

水利、审计等部门按照各自职责做好生态补偿相关工作。

第六条 市、县级市、区人民政府应当将生态补偿与精准脱贫相结合，向经济薄弱的重点生态区域倾斜生态补偿资金，优先保障有劳动能力的贫困人口就地从事生态保护工作。

第七条 鼓励在生态补偿工作中推行化肥农药减量增效、农田休耕、土壤改良等措施，实施秸秆禁烧，推动秸秆综合利用，提升生态保护成效。

第八条 鼓励受益地区与生态保护地区之间建立横向生态补偿制度。

鼓励通过自愿协商，采取资金补偿、对口协作、产业转移、共建园区、技术和智力支持、实物补偿等多元化方式开展生态补偿活动。

鼓励社会力量参与生态补偿活动，推进生态补偿市场化发展。

第九条 下列区域列入生态补偿范围：

（一）永久基本农田；

（二）水稻田；

（三）市属蔬菜基地；

（四）种质资源保护区；

（五）生态公益林；

（六）重要湿地；

（七）集中式饮用水水源保护区；

（八）清水通道维护区；

（九）重要水源涵养区；

（十）市、县级市、区人民政府确定补偿的其他区域。

生态补偿区域的具体划定，由市、县级市、区自然资源、农业农村、生态环境等部门提出方案，报本级人民政府批准。前款所列区域有交叉、重叠的，有关部门在提出方案时应当作出具体认定。

第十条 生态补偿标准由市人民政府制定并公布实施。县级市、区人民政府确定补偿的其他区域的生态补偿标准，由县级市、区人民政府制定并公布实施。

制定生态补偿标准应当根据生态文明建设要求，统筹考虑地区国内生产总值、财政收入和生态服务功能等因素。

生态补偿标准实行动态调整，调整周期一般为三年。

第十一条 生态补偿区域位于市区范围的，生态补偿资金由市、区人民政府按照比例分担；区人民政府确定补偿的其他区域的生态补偿资金由区人民政府承担。

生态补偿区域位于县级市范围的，生态补偿资金由县级市人民政府承担。

国家和省对生态补偿资金承担方式另有规定的，从其规定。

第十二条 市人民政府应当建立市级生态补偿资金统筹制度，统筹安排生态补偿资金的分配和使用。

第十三条 承担生态保护责任的下列组织和个人可以获得生态补偿：

（一）镇人民政府、街道办事处以及县级市、区人民政府的其他派出机构；

（二）集体经济组织或者村（居）民委员会；

（三）集体经济组织成员；

（四）市、县级市、区人民政府规定可以获得生态补偿的其他组织和个人。

第十四条 获得生态补偿的组织和个人应当依法或者按照约定履行相应的生态保护责任，落实保护措施，维护生态安全，改善生态环境。

第十五条 生态补偿资金实行分类、逐年、逐级申报审核制度，具体办法由市人民政府制定。

生态补偿区域有交叉、重叠的，不得重复、虚假申报。

第十六条 生态补偿资金申报的审核结果应当通过政务网站、公示栏等进行公示；公示时间不少于十五日。

对审核结果有异议的，应当在公示期内向审核部门书面提出申请；审核部门收到异议申请后应当会同有关部门进行复核，并自公示结束之日起十五日内将复核结果书面告知申请人。

生态补偿资金申报的审核结果应当在公示结束后或者异议处理完毕后报送同级财政部门。

第十七条 市、县级市、区财政部门应当按照规定及时下拨生态补偿资金；镇人民政府、街道办事处以及县级市、区人民政府的其他派出机构应当将拨付给集体经济组织或者村（居）民委员会的生态补偿资金在到账后十五个工作日内转拨，不得滞留、截留或者挪用。

市、县级市、区人民政府，镇人民政府、街道办事处以及县级市、区人民政府的其他派出机构，不得因生态补偿的实施，取消或者减少对获得生态补偿组织的其他财政投入。

第十八条 生态补偿资金应当按照下列用途使用：

（一）在生态补偿保护区域内开展生态保护、修复和环境基础设施建设；

（二）扶持发展生态经济；

（三）补偿集体经济组织成员等个人和提高从事生态保护工作的贫困人口收入。

获得生态补偿的组织应当按照规定使用生态补偿资金，不得长期闲置。

第十九条 获得生态补偿的组织应当将生态补偿资金使用情况在本组织范围内进行公示，并按照规定每年报告生态补偿资金的使用情况。

第二十条 财政部门应当定期组织同级自然资源、农业农村、生态环境等部门，对生态补偿资金的使用情况进行绩效评价和监督检查。

审计部门应当定期对生态补偿资金的使用情况进行审计，并将审计结果向社会公开。

绩效评价结果和审计结果应当作为生态补偿工作年度考核评价的重要依据。

第二十一条 市、县级市、区人民政府应当建立生态补偿工作考核评价体系，形成生态补偿资金与考核评价结果相匹配的激励机制。

市人民政府应当建立生态补偿工作奖励机制，对生态补偿工作成效显著的县级市、区给予奖励。

第二十二条 市、县级市、区人民政府应当定期对生态补偿实施情况进行检查，并向同级人民代表大会常务委员会报告。

第二十三条 获得生态补偿的组织未依法或者按照约定履行生态保护责任的，市、县级市、区自然资源、农业农村、生态环境等部门应当责令其限期改正；逾期未改正的，同级财政部门可以缓拨、减拨、停拨或者收回生态补偿资金。

获得生态补偿的组织和个人损害补偿区域内的生态环境受到有关部门处罚的，两年内不得申报或者获得生态补偿资金。

第二十四条 违反本条例规定，重复、虚假申报生态补偿资金的，由财政部门依法追回生态补偿资金；构成犯罪的，依法追究刑事责任。

第二十五条 违反本条例规定，负有生态补偿工作职责的工作人员在生态补偿工作中玩忽职守、滥用职权、徇私舞弊的，依法给予处分；构成犯罪的，依法追究刑事责任。

第二十六条 本条例自 2019 年 6 月 1 日起施行。

4 山东省长岛海洋生态保护条例

山东省长岛海洋生态保护条例

《山东省长岛海洋生态保护条例》（以下简称《条例》）是山东省第一部海岛生态保护的创制性立法，将于2019年10月1日起施行。《条例》的出台，对于保护长岛海洋生态，防治污染损害，促进长岛经济和社会可持续发展具有重要意义。在2019年7月26日山东省人大常委会办公厅召开的新闻发布会上，省司法厅副厅长齐延安作了《条例》起草情况说明。

《条例》共七章六十二条，遵循规划引领、保护优先、陆海统筹、绿色发展的原则，结合长岛海洋生态保护的工作实际，分别从规划与区域功能管控、生态修复与培育、污染防治、保障措施等方面做了规定。《条例》根据长岛的特殊地理位置及当前环境状况，有针对性地进行合理规范，注重解决海岛污染防治中特有的难点、堵点、痛点问题。

长岛地处胶东半岛和辽东半岛之间、黄渤海交汇处，区位优势独特，是国家级重点生态功能区和渤海最重要的生态屏障，具备良好的资源禀赋和生态环境，海洋资源丰富，文化底蕴深厚，但生态系统相对脆弱。长岛试验区承担着生态保护屏障的特殊作用，必须注重规划牵引，做好系统谋划和规划衔接。《条例》专章规定了规划与区域功能管控的内容，要求长岛生态保护和建设发展应当符合长岛海洋生态文明综合试验区建设规划，不符合长岛试验区规划要求的既有建设项目应当依法关停或者迁出。《条例》要求科学确定长岛试验区的功能定位、发展规模、产业布局，划定生态保护红线、历史文化保护线、基础设施建设控制线和海岸线分类保护范围。坚持生态保护优先原则，《条例》要求合理布局近海养殖区域，依法划定禁养区、限养区；在休闲度假、运动观光功能区域内，不得新建、改建、扩建污染或者破坏生态环境的项目。除国家重大战略项目外，禁止从事围海填海活动，同时还对山体修复、海岸线资源保护、海洋生物资源和海底资源保护与恢复等作出了明确规定。通过科学划定各类用地用海布局，根据生态涵养、休闲度假、运动观光等功能需求，统筹海洋生态保护和绿色发展空间布局，逐步推行深海远海规模化养殖，鼓励科学建设海洋牧场和人工鱼礁群、发展生态渔业等制度设计，引领和保障长岛绿色发展。

在统筹协调生态保护和民生保障的关系方面，《条例》规定，在依法划定禁养区、限养区，逐步清理陆基养殖设施的前提下，应当兼顾当地居民生产生活，对因划定禁养区、限养区造成损失的养殖业户依法予以合理补偿，对因生态保护转产转业的养殖业户和渔民，应当给予扶持。《条例》还创新规定了生态保护补偿制度，明确规定按照“谁受益、谁补偿”的原则，完善生态保护补偿机制，鼓励通过市场化、多元化方式筹集生态保护补偿资金。《条例》坚持因地制宜，加强了对长岛特有的生态资源和海岛风貌的保护，对长岛特有的候鸟生存区域、斑海豹、球石和海岸线资源以及海岛特有风貌等均规定了保护制度和法律责任。针对海岛污染防治特点，规定了细化岛上生活垃圾、污水处理防治措施，实行雨污分流和生产生活污水达标排放等管控措施。

5 关于进一步推深做实新安江流域生态补偿机制的实施意见

关于进一步推深做实新安江流域生态补偿机制的实施意见

（皖政办秘〔2019〕82 号）

各市人民政府，省政府各部门、各直属机构：

为贯彻落实《长江三角洲区域一体化发展规划纲要》及《安徽省实施长江三角洲区域一体化发展规划纲要行动计划》，进一步推深做实新安江流域生态补偿机制，全面提升生态环保和绿色发展水平，加快建设新安江—千岛湖生态补偿试验区，经省政府同意，现提出以下实施意见。

一、目标要求

到 2021 年，新安江流域水资源与生态环境保护等主要指标持续保持全国先进水平，流域地表水污染来源及其污染负荷明确、水质稳定向优，皖浙两省跨界的街口出境断面水质生态补偿指数符合生态补偿年度目标要求，按质按量补偿标准合理，保护与受益价值平衡。新安江流域上下游横向生态补偿机制“长效版”“拓展版”“推广版”基本建立，创造更多可复制可推广的经验，初步实现森林、湿地、水流、耕地、空气等重点领域和禁止开发区域、重点生态功能区等重要区域生态补偿全覆盖。

二、重点任务

（一）排污权管理工程。积极探索建立新安江流域排污权交易制度，加快建立初始排污权分配机制，科学分配流域内各县（区）行政单元的总量控制指标和企业个体的初始排污权。强化技术和数据支撑，加强精准完备的监测体系建设，提升新安江水质监测能力，健全完善新安江主要干支流水质监测网络。探索完善排污权交易机制，初步建立排污权交易市场，利用市场机制，促进地方和企业在满足环境质量改善目标任务的基础上，主动提高控污能力和水平，实现污染物排放减量化目标。（黄山市人民政府、省生态环境厅负责落实）

（二）开发区发展工程。加强省级以上开发区以治污为重点的基础设施建设。实施污水、垃圾集中处理设施建设和升级改造，以智慧园区建设为契机，建立生态环境监测预警体系。强化大气污染防治，“一企一策”防治挥发性有机物。坚决取缔不符合产业准入条件的小锅炉，改造技术落后的燃煤锅炉等热源设施，实现清洁能源替代。指导开发区进一步明确和优化主导产业，依托园区龙头企业，加强上下游配套产业集聚，支持开发区积极打造特色产业园区。实现创新驱动，深化区域合作，优化营商环境，推动高质量发展。（黄山市人民政府、省发展改革委负责落实）

（三）城市污水治理工程。加快补齐城市污水收集和处理设施短板，尽快实现城市建成区生活污水管网全覆盖和生活污水全收集、全处理。计划新建污水管网 100 公里以上，改造修复市政污水管网 200 公里以上，完成县城以上建成区雨污分流管网改造，完成黄山区污水处理厂提标改造工程、祁门县污水处理厂迁建工程以及黄山市污水处理厂污泥与餐厨垃圾处理 PPP 项目。基本消除城中村、老旧城区和城乡接合部污水处理

设施空白区，城市污水处理率达到 95%以上。（黄山市人民政府、省住房城乡建设厅负责落实）

（四）化肥农药替代工程。大力实施有机肥替代化肥行动，加强有机肥生产、生物工程、物理设备技术研发和推广应用，引导农民科学使用有机肥。加大财政和政策扶持，增加有机肥市场供给。开展测土配方、病虫害监测及绿色防控技术服务。大力发展生态循环农业，积极开展农业废弃物资源化利用，推进农作物秸秆综合利用。全面推行使用生物农药，进一步深化生物农药集中配送，完善乡（镇）、村（社区）农资集中配送网点建设，基本建成“七统一”生物农药配送体系。开展生物农药替代化肥农药行动，推广应用防治病虫害的生物农药、物理技术和设备。加大农业面源污染治理力度，持续推进化肥农药减量增效，实现化肥农药使用量负增长。（黄山市人民政府、省农业农村厅负责落实）

（五）绿色特色农业发展工程。以推进农业供给侧结构性改革为主线，统筹推进种养循环、农林牧渔结合，大力发展绿色特色农业。积极培育“三品一标”农产品，实施地理标志农产品保护工程。推广农产品全程质量控制技术体系试点，实施农产品质量安全追溯工程。大力培育区域公共品牌，做大做强茶叶、泉水鱼、“五黑”产品等特色产业，充分运用互联网+，加强宣传营销，放大品牌效应，逐步将生态优势转化为绿色产业优势、经济发展优势。（黄山市人民政府、省农业农村厅负责落实）

（六）农村环境整治工程。深入学习推广浙江“千村示范、万村整治”工程经验，大力推进农村厕所、垃圾、污水“三大革命”和“五清一改”村庄清洁行动，统筹推进垃圾分类和废弃物资源化利用，加强乡村和河道清洁工作。科学制定农村生活污水治理规划，加快农村污水治理 PPP 项目实施，推进城镇污水处理设施和服务向周边农村覆盖延伸。

实施运营好农村生活垃圾治理PPP项目，提高农村垃圾收集转运处置社会化管理水平。大力宣传普及农村生活垃圾分类知识，建立完善再生资源回收利用体系，探索延伸村级回收站点，提高垃圾分类精准投放和可回收利用垃圾的资源再利用率。（黄山市人民政府、省农业农村厅、省卫生健康委、省住房城乡建设厅、省生态环境厅、省自然资源厅负责落实）

（七）畜禽规模养殖提升工程。科学制定畜禽养殖规划，加快推进畜禽规模养殖，下力气整治分散养殖，严格控制畜禽养殖区域，推进养殖业“规模养殖、集中屠宰、冷链运输、冰鲜上市”新模式。总结推广养殖废弃物污染综合防治和资源化利用的先进经验，推广种养结合生态模式，科学规划建设畜禽粪污处理中心、有机肥配套生产企业，发展循环农业。（黄山市人民政府、省农业农村厅负责落实）

（八）船舶污水上岸工程。健全船舶污染物接收、转运、处置、联合监管制度，完善船舶污水收集系统，强化统一信息监管平台建设，做到游船定位、污水报警和排放与平台互联互通。加强岸上回收处理系统建设，推进污水处理设施提标改造，做好日常运行维护。全面推广船舶生活污水收集及岸上集中处置系统，严格货运船舶污水收集处理标准，加快改造实施步伐，实现新安江流域船舶污水“零排放”。（黄山市人民政府、省交通运输厅负责落实）

（九）河（湖）长制、林长制提升工程。将河长制向乡村水系延伸，实现河长全覆盖。推进干支流管护范围划界和河长制信息化建设，完善河长制工作机构，有序提升河湖管护能力。推进专项整治行动，着力解决突出问题，积极改善河湖面貌。推行“河长+警长+管护员”模式，落实河长巡河、暗访制度，推行总河长令和河长考核机制，完善投诉举报处置奖励机制，探索开展最美河湖评选，实现河湖管护长效化。压实各级林长制改革主体责任，完善林业资源保护发展机制，实施最严格的森林资源保护，提升“两祸一灾”防治效果，突出抓好松材线虫病防控，强化疫情监测、疫情除治、疫情阻断。突出抓好林业有害生物防治过程中农药污染防治工作，加快研究实施绿色替代技术，切实把森林生态系统维护好保护好。（黄山市人民政府、省河长办、省林长办负责落实）

（十）全民参与工程。加强生态补偿机制和“十大工程”宣传解读，建设生态文明教育实践基地。推动“绿色学校”“绿色社区”“绿色家庭”等绿色创建活动。建立“环保公众开放”单位清单，推进公众参与。推广“生态美超市”，开展垃圾分类减量专题宣传。推进环保社会监督、环保信息发布、环保志愿者服务、企业环保公益、绿色交通建设服务、生活垃圾分类服务 6 大平台建设。坚持德法并重，奖惩结合，制定公民环保公约，探索将道德层面的环保意识固化为制度层面的行为规范。建立生活垃圾分类“绿色账户”等激励制度，严厉打击环境违法违规行为。动员全社会参与生态建设和环境保护治理，形成“政府引导、市场补充、公众参与、生态共享”的全民保护新机制，营造珍惜环境、保护生态的良好氛围。总结和推广“新安江模式”经验。（黄山市人民政府、省生态环境厅负责落实）

三、保障措施

（一）严格责任落实。建立省推广新安江流域生态补偿机制联席会议制度，统筹指导相关工作。各成员单位要履职尽责、积极作为、协作配合，推进各自领域生态补偿和“十大工程”建设，按照制定的实施方案，推动任务逐项落实到位，提升新安江流域水资源与生态环境保护水平。（省推广新安江流域生态补偿机制联席会议成员单位负责落实）

（二）拓展资金来源。加快完善生态补偿机制，逐步加大重点生态功能区转移支付力度。探索实施自然资源资产产权制度改革。制定建立市场化、多元化生态补偿机制行动计划。健全生态补偿标准体系。（省财政厅、省生态环境厅、省自然资源厅、省发展改革委负责落实）

（三）加强试点推广。认真落实生态补偿政策要求，学习借鉴新安江流域生态补偿机制试点经验，积极将生态补偿全面推广到各相关领域和区域，探索将生态补偿机制拓展至所有国土空间生态整体保护和系统修复之中。（省推广新安江流域生态补偿机制联席会议成员单位，各市、县人民政府负责落实）

（四）加强工作调度。省推广新安江流域生态补偿机制联席会议办公室（省自然资源厅）要加强工作调度，及时掌握“十大工程”实施进展情况，协调推动解决有关问题。要加强相关资金统筹整合、使用监督，加快建立健全以水质改善为目标的资金使用、监督、管理和评价体系。（省自然资源厅、省发展改革委、省财政厅、省生态环境厅、黄山市人民政府负责落实）

安徽省人民政府办公厅

2019 年 9 月 2 日

6 广西海洋生态补偿管理办法

广西海洋生态补偿管理办法

《广西壮族自治区海洋生态补偿管理办法》（以下简称《办法》）于2019年年底审议通过。《办法》旨在通过实行资源有偿使用制度和污染破坏补偿制度，保护和改善海洋生态，防治污染损害，合理开发利用海洋资源，维护生态平衡，规范广西海域、无居民海岛生态补偿工作。

根据《办法》，海洋生态保护补偿的具体范围涵盖海洋自然保护区、海洋特别保护区（含海洋公园）、水产种质资源保护区，划定为海洋生态红线区的海域，沿海各级人民政府确定需保护的其他海域，国家一类、二类保护海洋物种，列入《中国物种红色名录》的其他海洋物种，以及国家和广西确定需保护的其他海洋物种。补偿形式主要包括：浅海海底生态再造，通过播殖海藻、投放人工鱼礁等方式，恢复浅海渔业生物种群；海湾综合治理，修复和保护海洋生态、景观和原始地貌，恢复海湾生态服务功能；河口生态环境修复，进行排污控制、河口清淤、植被恢复，修复受损河口生态环境和自然景观；优质岸线恢复，进行海滩和岸滩清理，退出占有的优质岸线，恢复海岸自然属性和景观；潮间带湿地绿化和其他需要开展的海洋保护补偿形式。

《办法》明确，由造成海洋生态损失的自然人、法人或其他组织根据海洋生态损害补偿方案，开展海洋生态环境保护修复等相关补偿工作。对侵占、截留、挪用海洋生态保护补偿资金的单位及个人，依照有关规定追究相应责任；涉嫌犯罪的，移送司法机关处理。海洋生态保护补偿资金和海洋生态损害补偿管理工作情况按年度公开，接受社会监督。

7 江西省鄱阳湖国家重要湿地生态效益补偿资金管理办法

江西省鄱阳湖国家重要湿地生态效益补偿资金管理办法

一、总则

第一条 为进一步规范和完善鄱阳湖国家重要湿地生态效益补偿试点资金管理，根据财政部、国家林业局印发的《林业改革发展资金管理办法》（财农〔2016〕196 号）和《林业改革发展资金预算绩效管理暂行办法》（财农〔2016〕197 号）等规定，制定本办法。

第二条 湿地生态补偿资金项目实施，坚持“谁保护、谁受益”“谁受损、补偿谁”原则，确定补偿对象，确保信息公开、程序公正、补偿公平。

第三条 省财政厅、省林业局负责组织开展鄱阳湖国家重要湿地生态效益补偿工作，各相关市、县（区）政府和项目实施单位应按要求成立湿地生态补偿工作领导小组，负责当地项目实施的组织实施管理工作。

省林业局会同省财政厅负责补偿的相关政策的制定、指导协调、监督管理湿地补偿项目实施工作。

设区市林业局、财政局负责指导项目县编制年度项目实施方案并按要求审核批复，指导、监督项目县按要求完成年度建设任务，规范项目资金使用。配合省级部门做好年度绩效考核、检查、调度等工作。

项目县林业、财政主管部门根据省级下达的年度资金任务，按要求组织编制年度项目实施方案并报请设区市批复，根据批复的实施方案，做好项目组织实施，配套政策和措施的制订，配合做好项目绩效考核，项目验收等工作。

二、补偿对象和补偿标准

第四条 鄱阳湖国家重要湿地生态效益补偿补助主要用于对候鸟迁飞路线上的重要湿地因鸟类等野生动物保护造成损失给予的补偿支出。补助范围包括鄱阳湖国家重要湿地周边的南昌、进贤、新建、都昌、湖口、永修、德安、共青城、庐山、柴桑、濂溪、余干、鄱阳、万年和东乡等 15 个县（市、区）。具体补偿对象为：

1. 耕地承包经营权人受损补偿。用于鄱阳湖重要湿地周边不超过 5 公里范围内，因保护候鸟等野生动物而遭受损失的基本农田及第二轮土地承包范围内的耕地承包经营权人。补偿对象须支持、配合湿地和候鸟保护工作，无破坏湿地和非法猎捕候鸟的违法记录。

2. 社区生态修复和环境整治补偿。用于鄱阳湖重要湿地周边不超过 5 公里范围内，因保护湿地和鸟类等野生动物而遭受损失或受到影响的社区（以村民小组为单位，下同），开展社区绿化、垃圾无害化处理、改水、改厕、改路等环境改善项目及候鸟栖息地恢复、乡村小微湿地打造等建设内容。列入补偿范围的社区须长期支持和配合湿地和候鸟保护工作。

3. 对承担鄱阳湖国际重要湿地保护任务的鄱阳湖国家级自然保护区管理局给予补助。主要用于开展湿地保护与恢复项目。包括监测监控设施设备购置，巡护道路维护、退化湿地恢复、湿地资源调查、监测等支出，以及聘用临时管护人员所需的劳务费用等。

各县（市、区）在优先并充分安排耕地承包经营权人受损补偿的前提下，合理安排社区生态修复和环境整治补偿。

第五条 项目补偿标准。

1．耕地承包经营权人受损补偿。根据受损耕地面积多少，原则上按照每亩 80 元的标准进行补偿。项目县政府可根据耕地受损程度，及当年获得资金补偿额度等因素适当调整，调整幅度不得超过 30%。

2．社区生态修复和环境整治补偿。以乡（镇）为单位，由项目县林业主管部门组织符合条件的社区结合自身特点和需求，按先急后缓原则组织实施，每个项目总投资控制在 50 万元以内。

如补偿标准变动，将在当年资金下达文件中予以明确。

三、实施方案编制与批复

第六条 项目县（市、区）在收到省财政厅、省林业局下达的年度补偿资金计划后，30 天内完成项目实施方案编制工作，并将实施方案报设区市林业局审批（省直管县由所在设区市代为批复）。江西鄱阳湖国家级自然保护区管理局实施方案报省林业局审批。

第七条 项目县（市、区）政府负责组织开展农作物受损等情况的调查核实，确定补偿对象、补偿标准，并做好社区生态修复和环境整治项目筛选工作，组织编报县（市、区）级年度实施方案。

农作物受损补偿人员登记表包括户主姓名、身份证号码、家庭人口、补偿面积、补偿金额、惠农一卡通号码、近三年有无偷猎候鸟破坏湿地等行为的信息，应加盖相应乡（镇）、村组的公章，并附有乡（镇）补偿工作领导小组成员签字的意见表。有关材料按要求在相关的乡（镇）、村组进行公示，接受社会监督，公示期限不得少于 7 天，公示流程和公示材料必须符合公示要求，公示期结束且无异议，才能确认申报的补偿人员名单。公示材料必须全部单面打印，每页加盖公章，按顺序逐一张贴。公示照片须存档备查，包括整体照片和分页照片，照片的字体和公章要清晰可辨。

社区生态修复和环境整治项目应根据受益群体大小、轻重缓急、先易后难的原则进行汇总排序，结合当年资金补偿资金规模聘请设计单位对项目进行勘察设计。纳入补偿范围的项目县，应建立社区生态修复和环境整治滚动 3 年项目库，做好项目储备工作。

第八条 设区市林业主管部门负责项目县（市、区）年度实施方案的审核批复工作，并将批复方案报送省林业局备案。

第九条 鄱阳湖国家重要湿地生态效益补偿项目实行由“资金等项目”向“项目等资金”转变。纳入补助范围的市、县（区）要提前做好项目遴选、方案制定等工作，压缩项目实施时间，原则上湿地生态补偿项目在 1 个资金年度内实施完毕。

四、项目实施与管理

第十条 项目县（市、区）根据设区市批复方案，组织填报耕地承包经营权人受损补偿款支付申请单（含补偿资金发放名册）并报县（市、区）人民政府同意后，提交县级财政局拨付补偿资金。资金发放原则上通过“一卡通”发放给补偿对象。

第十一条 社区生态修复和环境整治项目应以乡（镇）为单位，由县（市、区）人民政府林业主管部门统一聘请工程施工监理单位对项目实施进行监督。

做好施工前期、施工过程中、施工后项目影像资料存档工作，建议从同一角度拍摄同一施工点直观反映项目实施成效。

第十二条 社区生态修复和环境整治项目实行县级报账制，按项目施工进度，根据阶段验收结果分期拨付。具体验收工作由项目县林业主管部门组织开展，由设区市组织核查批复，抄送省林业局备案。

施工单位申请拨付工程款须填报补偿社区生态修复与环境整治项

目工程款支付申请单。经乡（镇）、县（市、区）林业局审核同意后，由县（市、区）林业局报县财政局拨付工程款。

第十三条 补偿资金不得用于平衡预算、偿还债务、建造办公场所、建设职工生活用房、购置车辆、购买通讯器材、发放管理机构人员津贴补贴等与湿地补偿无关的支出。

第十四条 项目实施过程中要及时总结经验、对发现问题及时解决，制定完善措施。要建立信息统计和总结报告制度，按季度将相关材料报送省林业局、设区市林业局。

第十五条 项目县和项目实施单位要加强档案管理工作，及时做好档案的收集、整理和归档工作，档案材料包括：实施方案、设计、图纸、工程招投标、采购合同、监理、支付凭证、票据、影像及管理文件等。

五、项目监督与效益评价

第十六条 由项目县财政、林业主管部门根据《江西省林业改革发展资金绩效管理细则》要求，开展项目年度绩效自评和接受省级绩效考核工作。

第十七条 项目所在地各级财政和林业主管部门应加强项目资金管理使用情况的监督检查，及时拨付资金，依法接受财政、审计部门检查，发现问题及时纠正。

对各类违法违规行为，将按照《财政违反行为处罚处分条例》（国务院令第 427 号）等国家有关规定追究责任。

第十八条 本办法由省财政厅会同省林业局负责解释。

第十九条 本实施细则自印发之日起执行。《江西省林业厅 江西省财政厅关于印发 2014 年鄱阳湖国际重要湿地生态补偿试点实施管理指导意见的通知》（赣林计字〔2014〕242 号）同时废止。

8 内蒙古自治区重点流域断面水质污染补偿办法（试行）

内蒙古自治区重点流域断面水质污染补偿办法（试行）

为加强自治区水污染防治，防范水污染事故发生，全力改善水环境质量，保障人民群众身体健康，根据《中华人民共和国水污染防治法》、《国务院关于印发水污染防治行动计划的通知》（国发〔2015〕17 号，以下简称“水十条”)、《国务院办公厅关于健全生态保护补偿机制的意见》（国办发〔2016〕31 号)、《内蒙古自治区人民政府办公厅关于健全生态保护补偿机制的实施意见》（内政办发〔2016〕183 号)、《内蒙古自治区水污染防治工作方案》（内政办发〔2015〕155 号）和《财政部、环境保护部、国家发展改革委和水利部关于加快建立流域上下游横向生态保护补偿机制的指导意见》（财建〔2016〕928 号）要求，结合内蒙古自治区实际，自治区生态环境厅、财政厅制定了《内蒙古自治区重点流域断面水质污染补偿办法（试行)》。

该办法以保护河流生态环境、促进人与自然和谐发展为目的，运用经济手段，调节流域上中下游之间、水环境破坏者与受害者及保护者之间的经济利益关系，推动流域水污染防治联防联控制度建设。该办法适用于内蒙古自治区境内所有重点流域。各盟市流域断面水质不得低于国家、自治区各规划期水质考核目标。断面水质低于考核目标值的，或断面不合理断流的，需按照该办法支付补偿金。

自治区生态环境厅根据各盟市确认的年度实际补偿金和补偿金分

配结果单于每年自治区财政厅与盟市年终结算前报送自治区财政厅，自治区财政厅通过与盟市年终结算将应收缴和分配的补偿金下达到各有关盟市。各盟市得到分配的补偿金必须用于水污染防治。该办法自 2019 年 5 月 1 日起实施。